二魚文化

健康北歐菜

Northern European Cuisine

Contents

Part 1 北歐文化＆飲食習慣 Civilization and Diet

Part 2 海洋之味 海鮮 Seafood

Part 3　鮮甜野味 肉類 Meat

Part 4　慢活滋味 蔬菜 Vegetables

Part 5　滿足味蕾 點心 Dessert

輕鬆學會國內第一本北歐菜

　　雖然臺灣號稱是「美食王國」，所有的美食都能夠看得到、吃得到！但是臺灣人海納百川的個性，除了喜歡吃道地的臺灣美食之外，對於外來的異國料理也同樣接受，甚至一些特殊風味的異國菜，在臺灣也賣得不錯，網路上的風評也都很高，例如位於臺中沙鹿的「爵色創意時尚餐飲」，經常都是高朋滿座，沒有事先訂位甚至還可能要先罰站一會兒呢！

　　近年來市面上的一些餐飲出了問題，讓大家又再度掀起一陣「自己動手煮」的風氣，市場裡採買的年輕人增加了，表示大家都想自己回家做飯，節目裡詢問的人也增加了，表示大家對於料理還是有許多的疑問，如今有了這本簡單方便的食譜書問市，不但能夠解決上述的問題，同時還讓大家在原本就已經熟知的中式料理領域外，多學會一些「簡單、方便、美味」的北歐料理。

　　書中除了有精美的步驟圖教學，還以深入淺出的方式描述料理的技巧，當然在調味上都是以健康為導向，並且針對臺灣人的飲食習慣做了適度的調整，保證您去市場就能買齊材料，照著書煮就能做出美味。趕快讓自己擁有這本食譜書，讓家人換換口味，也招待親朋好友一起嚐一嚐！

美食節目主持人　焦志方

品嚐北歐料理的純粹味道

　　北歐料理，是我所嚮往的料理模式，常常聽些外國廚師朋友談起，卻是無法學習到正統的北歐料理。北歐菜餚是一種極專注於「本質」的料理。重點不在表面上的誇飾富麗、也不是種類上的多樣奢華、更不求手法上的華巧炫技；簡約含蓄面貌下，卻能從其口感、滋味、餘韻裡，點滴感受旬鮮、食料、思維與技法相互交會而成的料理層次。

　　近幾年，美食家及名廚出書蔚成風潮。一新一德，雙胞胎廚師，兩個熱愛美食的料理人，去過他們位於臺中沙鹿區的餐廳用餐就能發現，對於美食的熱誠及用心，力行縮短採購食材及餐桌的時間距離，這本北歐食譜不僅記錄他們對料理不斷追求進步，也為現在的飲食文化帶來新氣象，更訴求選擇健康食材入菜，讓您吃得更安心！

美食節目主持人　柯俊年

料理達人雙胞胎主廚

謝一新
謝一德

作者序 / Preface

追求自然簡約的健康飲食

　　我們是雙胞胎兄弟，從小就很愛吃，所以很年輕的時候就從事餐飲行業，中間經歷過西式、日式、義式等各式料理的學習，目前也擁有兩個日式和義式的餐飲品牌，在經營餐飲事業當中，發現現在的顧客對於吃，從早期農業時代的吃飽，到中期吃巧階段，至今的飲食習慣，已經演變到力行自然旬鮮、不時不種、不時不食、從產地到餐桌的健康飲食原則。今日的料理工作者，如果想要脫穎而出，已經不能只有照本宣科的觀念，而必須瞭解臺灣與各國食材的特性及季節性，用心尋找，創意搭配，多方嘗試才能烹調出協調美味料理。

　　目前世界各國都力行健康飲食文化，就屬「北歐五國」為榜首，挪威的鮭魚、瑞典肉丸、丹麥的開放三明治、冰島的羊肉、芬蘭的黑麥及漿果，各種代表北歐的食物不盡其數，而現在更提倡新北歐美食與當地天然食材和配料來反映季節的變化烹調，並表達「自然、清新、簡約」的擺飾，當中丹麥又擁有世界上最好的餐廳NOMA為指標。

　　臺灣擁有漁業及農牧業的物產豐沛，有很多外國的廚師來臺灣，也指定一定要用本地食材烹調，所以在寫這本食譜書時，我們尋找了臺灣各地好食材，如谷關的鱒魚、南投埔里的野菜和牧草雞、屏東的大麥豬、馬祖的貽貝、港口新鮮魚貨等。利用寶島的在地好食材與北歐的烹調手法結合，以簡約自然健康的混搭元素，將新北歐的各種美食，呈現給與我們一同喜愛美食的您，這本食譜不僅讓您可以輕鬆學習烹飪，還可以享受與北歐同步的健康美食！

Civilization
and Diet

北歐文化&飲食習慣

Northern Europe

地理位置和人文特色

古典美麗的水都瑞典

瑞典國旗以水藍色為底，配上黃色十字架，黃藍搭配非常耀眼溫暖，據說黃色代表財富，藍色則是蔚藍晴空。瑞典位於歐洲北部，斯堪的納維亞半島的東部，東面瀕波羅的海和波的尼亞灣，擁有漫長的海岸線。西面為斯堪的納維亞山脈，也是和挪威的分界線。其綿延的山脈、片片森林和交錯的平原是瑞典風光的三大特色。

首都斯德哥爾摩是一個美麗古典的水都，街道整齊乾淨，行人悠遊自在，是世界最美麗的城市之一。瑞典人比其他北歐國家的人較注重禮儀，有德國人的嚴肅與科學化傾向，也有英國人的自制與拘謹，不過，仍然脫離不

Sweden

了北歐人獨有的疏離氣質。

瑞典大部分地區屬於溫帶氣候，可分為三種氣候，南部主要是海洋性氣候；中部地區為溫帶大陸性濕潤氣候；北部則為亞寒帶氣候，這些是由於北大西洋暖流的影響之因，即使位於較高緯度，但是每年四季依然分明、氣候亦溫和。

由於受到墨西哥灣暖流的影響，瑞典較其他相同緯度的國家較為溫暖及乾燥。

瑞典中南部地區普遍有較溫暖的夏季，平均最高溫度大約20至25℃，最低溫度大約12至15℃；較寒冷的冬季平均溫度大約為零下4至2℃。

水力資源豐沛的挪威

Norway

　　國旗為大紅色底，深藍色十字架，在兩色之間框上白邊，國旗上的紅白藍三種顏色，與法國國旗象徵自由、平等與博愛有異曲同工之妙。挪威海岸線特長，又被冰河切割成許多峽灣。挪威人個性不喜喧嘩，喜歡獨處卻酷愛和平。眾所皆知的諾爾貝獎是由瑞典人頒獎，但唯獨和平獎是由挪威主導委員會，在每年於首都奧斯陸頒發。

　　挪威位於北歐斯堪的納維亞半島西部，東鄰瑞典，東北與芬蘭和俄羅斯接壤，南同丹麥隔海相望，西瀕挪威海。自古以來，挪威人與海洋結下了不解之緣，人們生活中的最大情趣是泛舟海上。另外，漫步奧斯陸灣，對外國遊客來說也是一種樂趣。

　　人民喜歡將自己居住的木造房屋漆成繽紛的五顏六色；小木屋的窗子，常用白色的木框，

窗裡有細緻的蕾絲和小擺飾做裝飾，有如一幅幅優雅的靜物畫，極富特色的民族性格和文化。

　　氣候在夏季時，大部分城市的日照時間比其他地區為長，在首都奧斯陸長達18.5小時；6月和7月雨水較多，河流水量充足，水力資源居歐洲首位；12月即進入嚴寒的冬天，是愛好冰上或雪地活動人士的好日子。

聖誕老人的故鄉芬蘭

 Finland

　　芬蘭國旗是白底，配上天藍色十字架。因為芬蘭北部是一大片荒原，天寒地凍，終年可見冰雪，所以國旗顏色象徵的意義為天藍色代表藍天，白色代表大地的白雪。

　　全境有一半被森林和湖泊所覆蓋的芬蘭，是擁有自然美景最完整的國家，有「千島之國」與「千湖之國」之稱。由於國土面積有三分之一在北極圈內，最北方一年當中約70天的永晝。11月以後即進入一片銀白世界，可以欣賞到最純淨的北國風光。大家熟悉的聖誕老人故鄉就在芬蘭，而時下最流行的憤怒鳥設計發源地也於此。

　　芬蘭的建築、街上行人的長相，皆與北歐其他四國有差異，芬蘭人性格內斂、行事低調，甚至連謝謝也不會多說，即使有話要說也是簡單且直接，甚至在親友聚餐會上也不會多說話，但面對陌生人的詢問，卻又表現出外冷內熱的一面。

　　芬蘭地處北緯 60 度到 70 度之間，有四分之一的地方處在北極圈內，地處北溫帶，冬天多為嚴寒，夏天則較溫暖。最北的地區夏天有73天太陽不落於地平線下，冬天則有51天不出太陽。

注重人民福利的丹麥

Norway

國旗是紅底、白色十字架。北歐五國之中，以位置最南的丹麥為本土最小，目前，面積廣大的海島格陵蘭也是丹麥領地。丹麥王國位於歐洲北部波羅的海到北海的出口處，是西歐往北歐的重要出入口。丹麥是由日德蘭半島的大部分、西蘭島、菲英島、洛蘭島等483個島嶼組成，丹麥是歐洲唯一全屬低地及地形上一片平坦的國家，日德蘭半島的西岸更是一望無際的沙丘，所以少有美麗的山川景色。此外，因沿海多島，島嶼間多數藉由海大橋相連；其它小島間皆有渡輪和飛機通航。

丹麥有三高，收入高、福利高、稅收高，人民平均每個月薪資近20萬。人民不需花費即可終身學習，還能申請每月生活津貼。丹麥人天性活潑開朗，可能與氣候較為溫暖有些許關係。讓人印象深刻的是當地人喜歡騎腳踏車，丹麥的機場裡，大部分有設置兒童遊樂區，讓人想起有名的玩具樂高，而樂高正是丹麥人所發明。

丹麥為溫帶氣候，夏季氣候涼爽，8月平均溫度為15℃；秋季濕潤而春天乾燥；冬季溫和，1月、2月平均溫度達0℃。由於丹麥地處北方，不同季節時長變化極大，冬季時長最短時太陽可晚至8點45分才升起，早至下午3點45分日落；夏季時長最長時太陽早至4點30分升起，晚至11點日落。

大自然教室的冰島

 Iceland

　　國旗為藍色、白色和紅色組合成，藍色代表環繞冰島國境四周的海洋，白色代表冰河，紅色則火山爆發時的熾熱岩漿。人口約為32萬，為歐洲人口密度最小的國家，全島所見高山都是火山，甚至終年覆雪，到處都是火山爆發後的產物。冰島的溫泉數量是全世界之冠，全島約有250個鹼性溫泉，藍色溫泉湖是最受歡迎的遊覽地之一，為全世界獨一無二最大的露天溫泉，此處的溫泉是由海水經過地熱而形成，

具有美容的功效，還能利用它來發電。整個冰島隨地可以看到許多珍奇的地理景觀，為地理學家最嚮往的大自然教室。冰島人依賴海洋為生，終日與冰河形成的大自然環境為伍並存，但也要時時謹記火山內部紅色熔漿的潛在危機，全島大部分適合青苔類及草生長，農地只佔全國陸地面積1％；冰川卻佔全國10％。礦產、畜牧及捕魚業是冰島的主要經濟來源，所以大部分的糧農產品都靠進口維繫。

　　冰島的地理位置雖然靠近北極，但因全年受到北大西洋暖流影響，地處高緯，南部屬於溫帶海洋性氣候，北部則屬於苔原氣候。冬天氣溫潮濕而較溫暖，夏季則較為寒冷。在最寒冷的1月，也比美國的紐約、奧地利的維也納還要暖和。夏季氣溫平均高達10℃，而沿海地帶甚至可達20℃。冰島人經常對觀光客說：「不要被冰島這個名字嚇住，冰島本來應該稱作綠洲，而格陵蘭才應稱作冰島。」

瑞典

瑞典海鮮雞尾酒

海鮮總匯褒

飲食習慣和特色

Sweden ▓▓

　　瑞典位於斯堪的納維亞半島，東面瀕波羅的海和波的尼亞灣，所以擁有豐富海產，但因為氣候寒冷，故蔬菜和水果的種類較少。由於瑞典地幅南北狹長且遼闊，氣候、風土各異，地區性特色鮮明，因而發展建構出多元的瑞典飲食文化。在瑞典北部，飲食以肉類以及野味菜餚為主；而南部則以新鮮蔬菜扮演較大的角色。

　　相較於其他歐洲國家，例如：義大利、法國等精緻飲食，雖然瑞典的傳統飲食大部分比較簡樸，但口味仍具有當地特色。傳統菜餚如豐盛的瑞典肉丸，常佐以肉汁和微帶酸辛味的越橘果醬一起食用，越橘果醬在瑞典就

像蕃茄醬和芥末醬般經常使用於菜餚中。瑞典人比較喜歡吃生的和冷的食品,肉片和魚塊都是半熟品,飲食講究簡單天然。魚類、肉類、馬鈴薯是餐桌上最常見的食材,口味清淡,盡量保持原有食材風味,所以加入較少的調味料,並減少油膩感。

　　比較有名的美食包含瑞典肉丸、蝦醬吐司、薄煎餅、鹹漬生鮭魚等。許多瑞典人從小養成每星期四吃豌豆湯和煎薄餅的習慣,二次大戰以來,瑞典武裝部隊就一直堅持這項傳統,現今瑞典大部分傳統餐廳依然會在每星期四供應豌豆湯,和搭配越橘果醬或其他果醬的薄煎餅。

Norway

挪威位於北歐，國土狹長，其北部三分之一處於北極圈，境內幾乎全為高山、冰川和林地覆蓋。由於有許多島嶼、峽灣，為挪威的漁業發展打下雄厚的基礎。挪威人非常好客，只要客人光臨，他們總會以滿腔的熱情來招待客人，目的是讓客人高興和滿意。

挪威處於高寒地區，人們對飲食的首要要求是補充足夠的能量以應付每一天的工作和學習，因此多以海鮮和肉類為主。一日三餐中，早、午餐較簡單，基本為冷食，而晚餐即有熱食。挪威的飲食菜色簡單，口味清淡，煙燻和醃漬是最常見的作法，豐富鮮嫩的海產在挪威飲食中佔有極大的比例，其中煙燻鮭魚已成為挪威特色菜。挪威的養殖鮭魚肉質細嫩、油脂豐富，品質世界第一享譽盛名。鮭魚除煙燻作法外還有一道稱為Cravlaks的名菜，是在鮭魚上均勻撒上糖、鹽、白胡椒粉，用醋醃漬而成的經典菜。除鮭魚外，鯡魚、鱈魚、比目魚、生蠔、龍蝦、螃蟹和北極蝦也經常出現於挪威料理中。

除了海產外，馴鹿肉也是一項特產，肉類烹調和一般西式作法差不多，考量食物的保存方式，生火腿、香腸一般佐以薄脆餅、優酪乳油和炒雞蛋，也挺受歡迎的，還有用特殊方法製成，外觀色澤淡褐、味道甜美的山羊奶乾酪也是挪威特色食品，是挪威老幼皆喜愛的乾酪。另外，挪威人很愛喝咖啡，是全球咖啡消耗最多的國家，平均每人每年要喝上10kg咖啡豆，大約是1000杯的咖啡量。

finland ✚

芬蘭

春季野菜溫沙拉

芬蘭人以肉類、澱粉類為主要飲食來源，其中肉類以牛肉、豬肉為主，牛奶和奶酪則是主要的副食品。芬蘭也是黑裸麥的故鄉，人們經常用它來做麵包和麥粥。芬蘭人沒有大吃大喝的習慣，待客的飯菜數量皆準備適宜，外觀雖不奢華，但形式精緻、內容講究。

在芬蘭，飲食內容多隨季節而變化。對於芬蘭人，餐桌上不能沒有魚，在夏季則是品嚐鮭魚、鯡魚和鯖魚的最佳季節。最常用的烹調方式是用烘焙紙或鋁箔紙將魚包起來烘烤，或直接放在碳火旁燻烤。在秋天則可以吃到各式鮮魚子，尤其是冬季的鱈魚子，據說古時候芬蘭水手出海後最喜歡吃這種魚子，材料易得且作法簡單，且能為身體帶來極高的熱量，足以抵禦嚴寒的海風而保暖。

在佈滿森林和湖泊的芬蘭土地，進入八月時，就會開始結出無數大大小小的野生漿果，這也

是當地的重要料理食材。芬蘭人法律規定，生長在芬蘭國土之內的一切自然資源，所有權都歸屬於全體芬蘭國民共同所有。所有公民，包括遊客都可以自由採摘野果以及野菇。莓果可以製成果醬、乾果或釀酒，釀酒以最著名的利口酒、伏特加、杜松子酒為世界聞名。而採收的新鮮野菇以奶油拌炒或烹煮蘑菇湯，也深受當地人喜愛。而森林富產的馴鹿肉、雪雞等野味更提供許多美味來源。

甜菜根起司沙拉

蔬菜起司沙拉

丹麥

Denmark ==

森林煙燻扇貝

丹麥藍起司烤南瓜

丹麥是以牧場和耕地為主的農業畜牧大國，特產牛奶、乾酪等乳製品和豬肉在世界各地享譽盛名。在飲食方面不僅重視菜餚的色、香、味，更講究視覺上的效果，食品本身顏色要搭配協調，而且器皿、桌布也需精心設計，特別講究餐桌的佈置和餐飲的環境，吃飯時搖曳的燭光、亮麗的鮮花和精美的餐具往往給人加分的享受。以餐具來說，丹麥的瓷器頗具名氣，丹麥人也喜歡收藏漂亮的瓷製餐具，冷餐會上擺上漂亮的瓷盤，常會引來客人的稱讚，使主人感到光榮。吃冷盤時需講究規矩，把盤子堆得滿滿像個大雜燴，這樣會惹丹麥人看笑話的。

丹麥人對吃講究新鮮，烹調的原料主要是魚、貝類、肉類、奶製品、蔬菜、水果等，雖然簡單但以新鮮取勝；其次在烹煮上也非常有創意，「開放式三明治」就是丹麥人發明，令他們頗感自豪，開放式三明治談不上豐盛，但它營養豐富，光觀看就非常誘人開啟食慾，對丹麥人而言就像鹽一樣不可或缺。丹麥人幾乎每天中餐都少不了開放三明治，上班族會在家裡先做好三明治，用鋁箔紙包覆後再帶到辦公室吃。小學生們也會用飯盒裝著三明治到學校吃，沒有任何東西比丹麥三明治更能代表丹麥食物了。開放三明治基本作法是將配菜放在麵包上的飲食方式。從最簡單的到複雜得像雕塑品的都有，通常是一片裸麥麵包，上面蓋著烤牛肉、烤豬肉、烤蝦仁、各式烤魚或放些魚子醬，再加上各種裝飾的配菜即可。

丹麥的奶製品為世界聞名，丹麥奶油、乾酪、奶油都被廣泛地運用於各種菜餚、小食中。丹麥的奶油很有名，特點是鹽比較少，味道較淡，一口咬下去，上面的牙印清晰可見，所以又稱為「牙齒奶油」。丹麥人愛吃雞蛋糕與甜點，做出了風靡世界的丹麥奶酥。典型的丹麥菜還包括有豬肉丸子、水煮鱈魚配芥末醬、脆皮烤豬肉、馬鈴薯燉牛肉，以及牛肉漢堡配洋蔥。還有一種冷食自助餐也非常受歡迎，菜色有鯡魚、沙拉、各種冷肉片、燻魚和起司等。

冰島

Iceland 🇮🇸

冰島烤羊肉串

　　冰島位於北大西洋中部，北極圈旁，有著巨大的冰源和冰川，還有著頻繁噴發的大大小小火山，獨特的自然環境造就了冰島人民的生活方式。大自然雖在陸地上對冰島人民失之眷顧，但浩瀚的大海則給予了很大的補償，在大西洋暖流的環抱，港口終年不凍下，使得冰島四周水域成為漁產豐饒的世界著名的天然漁場。

　　冰島食物大多數為進口，魚類多利用煙燻、乾燥，或者用鹽醃漬所製成，有的會掩埋在地底下，作為冬天的儲備糧食。傳統的冰島主食是魚類和羊肉，另外，冰島環境之因，蔬菜以及水果產量不多，所以大部分仰賴進口，在價格上也比較昂貴。

健康食材慢活美好生活

營養補充。海鮮．Seafood

① 鱈魚

肉質厚實，屬於刺極少的魚類，魚脂中含豐富蛋白質，易被人體消化吸收的必需氨基酸，還含有不飽和脂肪酸和鈣、磷、鐵、維生素B群等，是老少皆適合食用的食材。

鱈魚挑選＆保存重點

以顏色雪白且肉質厚實為佳，若魚肉沒有彈性，表面顏色變黃且聞起來有腥味表示不新鮮，鱈魚可冷凍保存1星期，解凍後盡量當天食用完畢為宜。

② 鮭魚

含有蛋白質、Omega-3脂肪酸、鈣、鐵、維生素B群、維生素D、維生素E等營養素；還提供必需脂肪酸EPA和DHA，因此具有清血，降低血膽固醇，預防視力減退，活化腦細胞及預防心血管疾病等功效。此外，鮭魚中的維生素B群可以消除疲勞；維生素D可幫助鈣質吸收，屬於營養價值極高的食材。

鮭魚挑選＆保存重點

魚眼睛明亮，肉質略微粉紅有彈性且表皮平滑有光澤為佳。將鮭魚分切塊狀後放入保鮮袋或保鮮盒中，再放置冷凍可以保存1星期，解凍時以冷藏解凍較佳，最好烹煮的前一天開始解凍，才不會影響口感。

③ 鱒魚

屬於冷水性的魚類，所以相當講究所處環境，以高含氧未污染的清澈水質為宜。其肉質鮮嫩甜美，富含DHA、無腥味、無小骨刺，蛋白質含量高、近乎於零膽固醇。對於血管硬化、傷口癒合都有很好的幫助，也可改善胃痛、經痛等症狀，適合孕婦、老人、手術患者當作營養補給來源。

鱒魚挑選＆保存重點

眼睛要越清澈，魚身緊實有彈性，腮顏色需鮮紅，聞起來勿有腥臭為佳。使用保鮮膜包覆好，再放置冷凍可以保存1星期，解凍時以冷藏解凍較佳。

Seafood

活力充沛。肉類・Meat

① 豬肉

含豐富蛋白質、維生素B群、菸鹼酸、鐵、鈣、磷、鉀等營養素。能夠幫助修復身體組織、增強免疫力、幫助神經系統維持正常運作，保護器官之功效；而所含的磷可以維護骨骼與牙齒生長所需營養。

豬肉挑選＆保存重點

購買有CAS認證肉品為宜，僅須判斷生產日期，店家冰存方式是否有失溫情形或內容物是否有血水現象產生？若有血水滲出，代表著極可能有重複冰存，請勿購買。新鮮肉品具有彈性、顏色呈暗鮮紅色、沒有腥臭味，脂肪的地方呈現白色狀，煮熟後也不會有腥臭味。超市賣的盒裝冷藏肉上，都會標明切製日期或保存期限，保存在攝氏-2至5度只能保鮮2至3天。若是一大塊肉要長時間食用，應該切成小塊，用兩層塑膠袋或鋁箔紙依每次用量包好，放入冷凍庫，以後每次解凍一包，這樣可保存約1個月。

② 雞肉

雞肉為白肉，營養價值高於紅肉，含優質蛋白質，脂肪含量比豬、牛、羊肉低，是愛美想要瘦身者的最佳考量；亦擁有豐富維生素A和B，以及鈣、磷和鐵質。所含脂肪為不飽和脂肪酸，是小孩、中老年人、心血管疾病患者，或病後虛弱需調理身體者的最佳補充營養來源。雞腳、雞翅膀含有豐富膠原蛋白，更是養顏美容不可少的食物。雞腿肉富含鐵質，可改善缺鐵性貧血，並且促進血液循環紅潤膚色。

雞肉挑選＆保存重點

選購有CAS優良肉品標誌的雞肉。購買回來的雞肉，若在短短一、兩天之內即可食用完，可將雞肉保存於冷藏室，若是需保存更久，建議分袋放入冷凍庫中，每次取一包出來烹煮。放入冰箱前，先用塑膠袋封好，可防止雞肉在冰箱中散失水分。

③ 牛肉

含豐富鐵質、蛋白質、維生素和多種礦物質的肉類，常食用可強健體魄，補元氣及增強免疫力。

牛肉挑選＆保存重點

從外觀顏色判斷，呈現鮮紅色或接近粉紅色的色澤表示新鮮。可用保鮮膜包覆後再放入冰箱冷凍，可以保存1星期，冷藏盡量以當天食用完為佳。

④ 羊肉

富含蛋白質、維生素及鈣、鐵、磷等多種營養物質，是營養價值很高的食材，對於患肺結核、咳嗽、氣管炎、哮喘、貧血的人，特別具有益處。

羊肉挑選＆保存重點

可從外觀顏色判斷，呈現鮮紅色或接近粉紅色的色澤表示新鮮，油質部分的顏色接近白色為佳，油質部分的顏色若太深則表示羊羶味會太重。可用保鮮膜包覆後，再放入冰箱冷凍，可以保存1星期左右。

Meat

幫助消化。蔬菜類・Vegetables

1 南瓜

是所有瓜類含β胡蘿蔔素最多的食物，此外，微量的元素鉻、鎳能增加體內胰島素分泌而加強葡萄糖的代謝；元素鈷則有補血作用；可溶性纖維質不但有飽足感，更能幫助腸道蠕動，對於糖尿病或高血壓患者有很大的助益。

南瓜挑選＆保存重點

在選購上以形狀完整，表皮斑紋油亮且無蟲咬為佳。因為表皮堅實粗硬，整顆放在室溫陰涼處可以存放1個月，以報紙包好放入冰箱，則可再多放1星期，切開後剩餘的部分，可以使用保鮮膜封住表面，放入冰箱保存1星期。

2 花椰菜

含維生素C量最高的蔬菜，想要保持健康、延緩衰老，花椰菜是不可或缺的蔬菜選擇之一，亦可降低患乳腺癌風險。古代西方人更將花椰菜推崇為天賜的良藥、窮人的醫生。

花椰菜挑選＆保存重點

挑選花球形完整，鮮綠無斑點，莖無空心為佳。新鮮未經水洗的花椰菜可用保鮮膜或乾淨塑膠袋包好，放入冰箱冷藏可以保存7～10天，汆燙後冷凍可達30天。

3 馬鈴薯

所含蛋白質屬於完全蛋白質，能被人體所吸收；而所含維生素C比去皮的蘋果高1倍。馬鈴薯在高溫烹煮下也不易流失維生素C。

馬鈴薯挑選＆保存重點

以表皮細緻無受損有硬實感，具淡黃色光澤，芽點沒有發芽跡象、變綠潰爛等為佳。以常溫保存為原則，除了夏天外，馬鈴薯不經過清洗直接放在鋪報紙的紙箱中，放置陰涼處即可。若要放入冰箱，可用報紙包裹後放入密封袋後再放入冰箱底層冷藏，可在當中放1顆蘋果，藉由蘋果釋放一種使蔬果老化的乙烯，便可防止馬鈴薯發芽。

4 蕃茄

含有豐富蕃茄紅素，不會因為高溫烹調而流失營養，反而更容易被身體吸收，即便是加工過的蕃茄汁或蕃茄醬具有其營養素。蕃茄可淨化血液、預防高血壓和強化免疫力的功能。根據研究指出，北歐和地中海型地區較長壽的原因和長期食用蕃茄有關。

蕃茄挑選＆保存重點

以表皮色澤鮮豔光滑、果蒂新鮮、無腐壞枯黃者為佳，用塑膠袋包覆後再放入冰箱，可以保鮮7～10天。

5 蘆筍

富含鈣、磷、鉀、鐵等營養素，對癌症及心臟病的防治有重要功能。營養學家和素食界人士均認為蘆筍是抗癌的健康食材。

蘆筍挑選＆保存重點

以表皮色澤鮮綠，形狀筆直緊實，筍尖花苞緊密為佳，蘆筍非以粗細判斷細嫩度，粗蘆筍含水量較細蘆筍高，食用時較容易品嚐到獨特風味。若蘆筍表皮層太厚，可以用刨刀去除較粗的纖維即可。以濕紙巾或保鮮膜包覆後，置入冰箱冷藏，大約可保存2～3天。

6 洋蔥

香氣強烈的洋蔥含豐富維生素A、B、C及多種礦物質，是低熱量食物，生食可降低血糖與血脂，多吃亦能預防骨質流失等優點。熬煮湯頭時不但可以去除腥味，還能增加甜度。

洋蔥挑選＆保存重點

避免陽光照射，存放於陰涼通風處，可保存1個月；若是已經切過的洋蔥，需放入保鮮袋中包裹好，再放置冰箱冷藏。

Vegetables

輕盈瘦身。

菇類 & 蔬菜 · Mushroom & Vegetables

1 黃蘑菇&牛肝菌菇

黃蘑菇含豐富胡蘿蔔素、維生素C、蛋白質、鈣、磷、鐵等營養。口感緊實滑順，爽脆中略帶嚼勁，具些許杏桃、杏仁香氣與胡椒味。因厚實的肉質，在料理中經常切片與奶油拌炒，或與酸奶油搭配，佐以炒蛋、肉類都非常適合。牛肝菌菇含蛋白質、碳水化合物、維生素及豐富礦物質，具強身健體的功能，特別對糖尿病有很好的療效，同時還有抗流感病毒、預防感冒的作用。

黃蘑菇&牛肝菌菇挑選&保存重點

以新鮮冷凍包裝或比較容易買到的乾燥黃蘑菇為多，乾燥黃蘑菇放在密封盒裡，處於陰涼處可以存放1個月。

2 蒔蘿

含豐富維生素及礦物質，幫助消化，緩解腸胃脹氣、胃痛和失眠。香氣溫和而不刺激，味道辛香甘甜，適用於燉類、海鮮等佐味香料，蒔蘿放進湯裡、生菜沙拉、醬汁及海鮮菜餚中，有增加風味的效果。

蒔蘿挑選&保存重點

以色澤鮮綠且葉根完整無腐爛為佳。使用毛巾將蒔蘿包起來，再用塑膠袋包覆後放入冰箱，可以保鮮7～10天。

3 甜菜根

所含豐富纖維質能促進腸道蠕動，預防便秘，降低膽固醇，還能增加飽足感；富含維生素B12及鐵質，是婦女及素食者最佳的天然補血食材。

甜菜根挑選&保存重點

選擇深紅顏色、表面光滑為佳，放在冰箱中冷藏，大約可以保存2～4星期。

4 香菇&洋菇

香菇、洋菇熱量低，含高蛋白質、維生素、礦物質和人體必需氨基酸，有健腦、開胃和增強免疫力等功效。

香菇&洋菇挑選&保存重點

挑選菇頭未剪掉且外表完整為佳，聞起來有酸味表示不新鮮。新鮮菌菇需放於冰箱冷藏，且在5天內食用完畢。

Mushroom
&
Vegetables

維持健康。其他類 · Oil · Cheese · Bread · Berry

① 菜籽油

膽固醇很少或幾乎不含,所以控制膽固醇攝入量的人可以放心食用。菜籽油含有的飽和脂肪最低,但是所含Omega-3脂肪酸是橄欖油的10倍,而且將它加熱到很高溫度也不會分解,常食用有助消化,能夠充分吸收營養成分,促進人體生長發育,維護生理代謝,降低人體膽固醇含量,預防人體心血管疾病的作用。

菜籽油挑選&保存重點

菜籽油可至大型量販店或百貨公司超市購買,購買時可向店員詢問是否有油菜籽製作的為宜。應放在陰涼處及注意保存日期,開封後提早在有效日期前1～2星期食用完。

② 起司

起司是營養價值高的天然食品,含有大量的蛋白質、鈣質及維生素A和B12,起司中的蛋白質容易被人體吸收。對於發育中小孩是極佳的營養食品,有助於骨骼與肌肉的成長;成人吃起司也可預防骨質疏鬆症;尤其是懷孕的婦女以及過敏性體質的人可多食用,有益增加鈣質等營養素的吸收,更可以幫助改善體質。天然起司含有活性乳酸菌,有助消化和強化免疫力。

起司挑選&保存重點

宜使用保鮮膜包好,或放在密封的保鮮盒中,再放進冰箱冷藏,並在食用期限內盡早用完。

③ 黑麥麵包

富含膳食纖維對於促進消化有益,可降低動脈血壓,有助於預防糖尿病及增進血液中糖代謝。黑麥含有豐富植物雌激素本酚素,可以幫助降低乳腺癌的危險性。根據一項美國與芬蘭合作研究指出,每天吃30公克的黑麥麵包對健康有益。

黑麥麵包挑選&保存重點

外表顏色微褐,肉眼能看到很多麥麩的小粒,質地比較粗糙帶香氣。由於營養價值比白麵包高,含豐富維生素B群,故微生物特別喜歡它,所以比普通麵包更容易生黴變質。可以自製外,或盡量選購當日新鮮麵包且立即食用,不要讓麵包在家裏過期長黴了。若要存放1星期以上,應當包覆好放於冷凍室,食用時取出後用微波爐解凍於室溫狀態即可。

④ 莓果類

藍莓可以保護眼睛視力外,更能保護心臟、心血管系統健康,增強心臟功能,提升免疫力,防止肌膚水分流失,預防衰老、老人癡呆、消除皺紋等功效。藍莓的熱量很低,是非常優質的果實。覆盆子是世界公認的黃金水果,含有豐富維生素A和C、鉀、鈣、鎂,及多量的纖維。有利尿、滋補,還能減輕消化不良和便秘,且具有抗衰老,預防泌尿道感染,抗癌防癌等作用。黑醋栗為黑色莓類,含有維生素C、花青素和礦物質,具有很強的抗氧化力,甚至比藍莓還高。不僅可以改善攝護腺炎所造成的泌尿道症狀,還可以對抗慢性病及保護心血管等功效。

莓果類挑選&保存重點

外觀要飽滿結實、顏色鮮艷、無腐爛及無挫傷的痕跡為佳。放置保鮮盒中,再放入冰箱冷藏可以保存1星期,若做成果醬後冷凍可保存30天。

Healthy
Foods

Seafood

海洋之味
海鮮

| Northern European Cuisine |
| Part 2 |

水煮鱈魚佐芥末醬 Sweden / 瑞典 🇸🇪

材料 / Ingredient

A 鱈魚600公克、低筋麵粉2
　小匙、洋蔥10公克、蒜頭2
　瓣、無鹽奶油35公克

B 煎過培根適量、熟雞蛋片適
　量、醃甜菜適量、熟馬鈴薯
　適量

調味料 / Seasoning

A 紅酒醋3大匙、細砂糖1/2大
　匙、鹽1大匙

B 牛奶350cc、月桂葉2片、鹽
　適量、黑胡椒粉適量

C 粗粒芥末醬20公克、白葡
　萄酒適量、魚高湯200cc、
　動物性鮮奶油100cc、鹽適
　量、黑胡椒粉適量

Chef's Tips

保留煮魚的高湯製作醬汁，可增加鮮甜
滋味，配菜可更換花椰菜或紅蘿蔔。

鱈魚塊可更換深海魚類，例如：石斑魚，
向魚販購買時可請店家幫忙將魚肉與魚
骨分開。

作法 / Cooking

1 取200公克甜菜去皮後切成
　5公分長條狀，放於玻璃碗
　中，加入調味料A的鹽拌勻
　後醃漬10分鐘待甜菜出水，
　濾乾水分，加入紅酒醋及細
　砂糖攪拌均勻即為醃漬甜
　菜，再放進冰箱冷藏備用。

2 鱈魚分切成每份約150公克
　塊狀；洋蔥及蒜頭分別切
　碎，備用。

3 取15公克奶油、調味料B加
　入深的平底鍋，以中火煮
　滾，放入鱈魚塊，以小火煮
　約10分鐘即可（圖1）。

4 取1個深的平底鍋，以小火
　加熱，加入15公克奶油待融
　化，放入洋蔥及蒜頭碎，以
　小火炒香，倒入白葡萄酒待
　水分收乾，再加入粗粒芥末
　醬、低筋麵粉（圖2），以
　小火拌炒均勻。

5 慢慢倒入魚高湯攪拌均勻，
　以小火煮約5分鐘，最後倒
　入鮮奶油、鹽和5公克奶
　油、黑胡椒粉調味即可（圖
　3）。

6 將醬汁舀入盤中，放上煮好
　的鱈魚，附上烤過培根、熟
　雞蛋片、醃甜菜及煮熟馬鈴
　薯即可（圖4）。

海鮮總匯煲 Sweden / 瑞典

> **Chef's Tips**
>
> 需將蔬菜的甜味燉煮出來，最後再放入海鮮，因為海鮮在烹煮時不宜太久，否則會過老且流失海鮮甜味。
>
> 番紅花此香料有鎮靜、活血化瘀、涼血解毒和解鬱安神的功效，但因同時具通經的作用，可促進子宮收縮，所以孕婦忌用，可使用紅椒粉替代。

材料 / Ingredient

A 鮭魚80公克、鱈魚80公克、白蝦50公克、貽貝50公克

B 青蒜2支、西洋芹150公克、牛蕃茄1顆、洋蔥1/2顆、蒜頭3瓣、新鮮蒔蘿適量

調味料 / Seasoning

A 菜籽油2大匙、番紅花適量、茴香子適量、低筋麵粉1大匙

B 白葡萄酒30cc、蝦高湯1000cc、檸檬汁15cc、蕃茄粒罐頭5顆

C 動物性鮮奶油100cc、酸奶30cc、鹽適量、黑胡椒粉適量

作法 / Cooking

1 青蒜洗淨切片；西洋芹去皮後切片；牛蕃茄切丁；洋蔥切丁；蒜頭切碎，備用。

2 貽貝表殼刷洗乾淨；白蝦去除腸泥；鮭魚及鱈魚分切成3公分塊狀，備用。

3 菜籽油倒入深的平底鍋，以中火加熱，放入青蒜片、蒜頭碎、洋蔥丁和西洋芹片，以中火炒軟，加入其他調味料A，以小火炒香，倒入白葡萄酒，以大火將水分收乾，再加入牛蕃茄丁、其他調味料B，以大火煮滾後轉小火燉煮約20分鐘。

4 將貽貝加入作法3蕃茄湯中，以中火煮約5分鐘，再放入白蝦、鮭魚塊及鱈魚塊，以中火煮約5分鐘，倒入鮮奶油拌勻，加入鹽及黑胡椒粉調味即可關火。

5 將煮好的湯盛入湯碗中，淋上酸奶，擺上蒔蘿，可搭配歐式手工麵包食用。

瑞典蝦醬吐司 Sweden / 瑞典

材料 / Ingredient

A 歐式麵包4片、白蝦仁100公
克、紅蝦卵40公克、新鮮蒔
蘿20公克、無鹽奶油10公
克、檸檬1顆

調味料 / Seasoning

A 美乃滋60公克、芥末籽醬30
公克、黑胡椒粒適量

作法 / Cooking

1 檸檬切成0.5公分薄圓片；白
蝦仁去除腸泥，放入滾水，
以中火煮約2分鐘，撈起後
放入冰水中冰鎮，濾乾水
分，備用

2 平底鍋以小火加熱，放入奶
油待融化，放入麵包，以小
火將兩面煎烤至焦黃酥脆
（或以烤箱稍微烤過）。

3 調味料混合拌勻，加入燙熟
白蝦仁拌勻備用。

4 將拌好的白蝦仁餡分別放置
在煎烤過的麵包上，依序再
分別擺上檸檬片、紅蝦卵，
最後放上蒔蘿裝飾即可。

丹麥海鮮開口三明治 Denmark / 丹麥 🇩🇰

材料 / Ingredient

A 煙燻鮭魚片100公克、黑麥麵包4片、魚子醬2公克、無鹽奶油10公克、酪梨1顆、蝦夷蔥5公克、檸檬片適量

B 全麥吐司2片、蟹肉100公克、小黃瓜2條、鮭魚卵30公克、葵花苗10公克、無鹽奶油10公克

調味料 / Seasoning

A Tabasco辣椒醬10cc、丹麥奶油起司80公克、檸檬汁5cc、美乃滋50公克

B 美乃滋100公克、第戎芥末醬5公克、檸檬汁5cc、鹽適量、黑胡椒粉適量

作法 / Cooking

1 酪梨去皮切成1公分丁狀；蝦夷蔥切末，備用。

2 酪梨丁、蝦夷蔥末和調味料A混合拌勻即為酪梨醬（圖1），放進冰箱冷藏備用。

3 將平底鍋以小火加熱，加入奶油待融化，再放入黑麥麵包，以小火將兩面煎烤至焦黃酥脆（或放入烤箱烤過）備用。

4 將酪梨醬分別放置於煎烤過的黑麥麵包上，依序分別擺上煙燻鮭魚片、魚子醬，最後再放上檸檬片裝飾即為煙燻鮭魚三明治。

5 小黃瓜切成約5公分細絲狀備用。

6 蟹肉、調味料B混合拌勻即為蟹肉醬，放進冰箱冷藏。

7 將全麥吐司使用6公分圓形慕斯圈壓出4片圓形片（圖2），平底鍋以小火加熱，加入少許奶油待融化後，放入圓形吐司，以小火將兩面煎烤至焦黃酥脆備用。

8 將煎過的圓形吐司再放回慕斯圈為第一層，鋪上小黃瓜絲為第二層（圖3），鋪上拌好的蟹肉後整平為第三層，鋪上鮭魚卵為第四層（圖4），鋪上葵花苗為第五層，填好後將慕斯圈抽掉即為蟹肉三明治。

▶ Chef's Tips

製作開口三明治的醬汁或餡料
一定要放進冰箱冷藏約 1 小時
以上，使用時才不會水水而影
響口感。

可將煙燻鮭魚三明治（醬汁不
變）更改為肉類三明治，例如：
烤牛肉或豬肉。

挪威蒔蘿生醃鮭魚　Norway / 挪威 🇳🇴

材料 / Ingredient

A 帶皮鮭魚600公克、新鮮蒔蘿30公克、芥末籽醬10公克、伏特加30cc、檸檬1顆

調味料 / Seasoning

A 酸奶100公克、芥末籽醬50公克、新鮮蒔蘿碎30公克、黑胡椒粉適量、果糖1大匙、鹽適量

B 海鹽30公克、細砂糖55公克、白胡椒粉適量

作法 / Cooking

1 蒔蘿切碎；將調味料A混合均勻為沾醬，再放進冰箱冷藏，備用。

2 使用魚刺夾先將鮭魚細刺去除乾淨，將帶皮那面朝下放在一個與鮭魚差不多大小玻璃淺盤中，均勻淋上伏特加於鮭魚表面。

3 調味料B混合後塗抹於鮭魚表面，再均勻塗抹芥末籽醬在鮭魚上，再鋪上蒔蘿碎。

4 使用保鮮膜將鮭魚包覆完整，取同樣大小的玻璃淺盤壓在上方，再使用保鮮膜將鮭魚與兩塊玻璃淺盤仔細封好後，上面再放罐頭重壓，放進冰箱冷藏3天，每天需翻動一次才能使調味料整個滲入到鮭魚肉中。

5 待入味後將鮭魚斜切成薄片，擺於盤子，食用時搭配沾醬，擠上檸檬汁即可。

> Chef's Tips
>
> 調味料需仔細塗抹均勻，味道才會平均入味，使用保鮮膜時一定要封好鮭魚肉，表面才不會乾乾的。
>
> 鮭魚要買生魚片等級，不要經過冷凍，否則做起來肉質會水水而沒有彈性。

蒜辣檸檬蒸煮貽貝 Norway / 挪威

材料 / Ingredient

A 貽貝500 公克、紫洋蔥100公克、蒜頭3瓣、新鮮巴西里5公克、紅辣椒 2支、檸檬1顆

調味料 / Seasoning

A 菜籽油1大匙、白酒1大匙、蘋果汁250cc、鹽適量、黑胡椒粉適量

作法 / Cooking

1 貽貝表殼刷洗乾淨；將紫洋蔥、蒜頭、巴西里、紅辣椒分別切碎，備用。

2 將深炒鍋以中火加熱，倒入1大匙菜籽油，放入紫洋蔥、紅辣椒、蒜頭碎，以中火爆香，放入貽貝稍微拌炒一下，倒入白酒，以大火將水分收乾。

3 再倒入蘋果汁，蓋上鍋蓋，以大火燜煮約3分鐘，打開鍋蓋，加入鹽及黑胡椒粉調味，再煮約3分鐘待貽貝殼全開。

4 最後撒上巴西里碎，擠上檸檬汁即可。

> **Chef's Tips**
>
> 貽貝在烹煮時不宜太久，需用大火快速烹調，否則久煮肉質會過老。若買不到新鮮的貽貝，可用半殼淡菜貝或大蛤蜊替換。
>
> 蘋果汁是現打新鮮原汁，也可使用市售飲料罐裝的蘋果汁。

紙包黃蘑菇烤紅鯛魚 Norway / 挪 威

材料 / Ingredient

A 紅鯛魚菲力250公克、乾黃蘑菇30公克、洋蔥1顆、綠花椰菜30公克、櫻桃蕃茄6顆、檸檬1顆、蒜頭1瓣、蒔蘿20公克

B 無鹽奶油10公克、菜籽油少許

調味料 / Seasoning

A 白葡萄酒5cc、白酒醋5cc、鹽適量、黑胡椒粉適量

作法 / Cooking

1 將乾黃蘑菇加水泡軟;洋蔥切絲;綠花椰菜分切小朵;櫻桃蕃茄保留蒂頭清洗乾淨;檸檬切片;蒜頭切碎;蒔蘿去除硬梗,備用。

2 平底鍋加入菜籽油,以中火加熱,放入擠掉水分的乾黃蘑菇,以大火稍微拌炒1分鐘,盛出備用。

3 取1張約80×80公分烘焙紙攤開,在上頭剪出缺口成大愛心,先鋪上紅雕魚,再鋪上其他材料,均勻淋上菜籽油及少許泡乾黃蘑菇的水(圖1),再均勻撒上所有調味料。

4 將烘焙紙小心覆蓋(圖2),再將邊緣摺好且封緊(圖3、4)。

5 烤箱預熱至230℃,將包覆好的紅雕魚放入烤箱中(圖5),烤12～15分鐘至魚肉熟即可。

▶ Chef's Tips

將烘焙紙邊緣的部分擦上蛋液，可幫助緊密封口。

如果買不到乾黃蘑菇，可使用新鮮的菇類，例如：杏鮑菇。

酥炸鱈魚條佐莓果優格醬　Norway / 挪威

> **Chef's Tips**
>
> 鱈魚肉沾好麵包粉後,先放於室溫靜置約5分鐘再油炸,比較容易熟透,亦可保持粉體的完整性。
>
> 如果買不到整塊鱈魚肉,也可以鮭魚或鯛魚替代。

材料 / Ingredient

A 鱈魚300公克、菜籽油500公克、紅蘿蔔50公克、西洋芹50公克、小黃瓜2條

B 低筋麵粉100公克、麵包粉100公克、全蛋4顆

調味料 / Seasoning

A 優格250cc、新鮮藍莓50公克、藍莓果醬100公克、美乃滋100公克

B 鹽適量、黑胡椒粉適量

作法 / Cooking

1 調味料A一起混合拌勻為莓果優格醬,再放置冰箱冷藏備用。

2 紅蘿蔔、西洋芹去皮與小黃瓜分切成8×2公分長條狀,泡入冰水冰鎮約10分鐘,濾乾水分備用。

3 將鱈魚分切成8×2公分長條狀,均勻撒上調味料B醃5分鐘備用。

4 將鱈魚肉依序沾裹麵粉、全蛋液、麵包粉,再放置盤子備用。

5 將菜籽油倒入深的炒鍋,以中火加熱至170℃,放入鱈魚條,油炸約3分鐘呈金黃色,撈起瀝乾油分,再放置吸油紙上,吸除多餘油分後盛盤。

6 再擺上所有蔬菜條,搭配莓果優格醬一起食用即可。

蒔蘿鮭魚馬鈴薯濃湯 Norway / 挪威 🇳🇴

材料 / Ingredient

A 鮭魚300公克、青蒜2支、培根20公克、馬鈴薯6顆、新鮮蒔蘿50公克、低筋麵粉30公克

調味料 / Seasoning

A 無鹽奶油50公克、白酒30公克、蝦高湯500公克、動物性鮮奶油200公克

B 鹽適量、柴魚粉適量、黑胡椒粉適量

作法 / Cooking

1 使用魚刺夾先將鮭魚細刺去除乾淨，切成3公分小塊。

2 青蒜切片；培根切成小條狀；馬鈴薯去皮後切成3公分小塊；蒔蘿去除硬梗切細末，備用。

3 將25公克奶油放入湯鍋，以中火加熱融化，放入青蒜、培根和馬鈴薯，炒至焦黃色，倒入白酒待收汁，加入麵粉拌炒均勻。

4 再慢慢倒入蝦高湯，以小火煮至馬鈴薯鬆軟，放入鮭魚和鮮奶油煮約5分鐘，加入調味料B，最後放入蒔蘿、剩餘25公克奶油拌勻即可。

> ### Chef's Tips
>
> 此道高湯使用的是蝦高湯，將蝦殼炒至焦黃色，倒入白酒收汁後，倒入水和加入洋蔥、芹菜、紅蘿蔔，以小火煮約30分鐘即可使用。若沒有蝦高湯，則可選用一般高湯替代
>
> 鮭魚也可以蝦子、蛤蜊等海鮮替代，做成綜合海鮮濃湯，其滋味更鮮甜。

焗烤馬鈴薯魚派 Sweden / 瑞典

材料 / Ingredient

A 鮪魚100公克、鮭魚100公克、鱈魚100公克

B 蒜頭2粒、洋蔥1顆、青蒜2支、蘑菇50公克、馬鈴薯4顆、地瓜1顆、小菠菜葉200公克、蛋黃2顆

調味料 / Seasoning

A 無鹽奶油3大匙、動物性鮮奶油300cc、肉豆蔻粉適量、黑胡椒粉適量、低筋麵粉25公克、起司絲30公克、菜籽油1大匙

B 牛奶300cc、月桂葉2片、法國龍蒿3公克、第戎芥末醬、鹽適量、黑胡椒粉適量、細砂糖適量

> ### Chef's Tips
>
> 添加起司絲會更加香濃滑順。
>
> 馬鈴薯在搗碎攪拌動作需確實仔細,不能有顆粒狀,才能擠出漂亮的形狀。

作法 / Cooking

1 鮪魚、鮭魚、鱈魚切成3~4公分大塊狀;蒜頭切碎;洋蔥去皮切小塊;青蒜、蘑菇分別切小塊狀,備用。

2 湯鍋中加入1000cc水、1/2大匙鹽,馬鈴薯和地瓜去皮後放入湯鍋,以大火煮至滾,轉小火煮約20分鐘,牙籤可穿透馬鈴薯及地瓜,撈起瀝乾水分,放入調理盆中搗碎(圖1)。

3 趁熱加入2大匙無鹽奶油、肉豆蔻粉、黑胡椒粉、蛋黃和150cc鮮奶油,攪拌均勻且滑順即為奶油馬鈴薯泥備用。

4 將牛奶、月桂葉以小火煮滾,放入所有魚塊、其他調味料B,以小火煮3分鐘,關火後靜置約5分鐘,過濾後保留魚塊及煮魚高湯備用。

5 熱鍋,加入菜籽油,加入洋蔥、青蒜、蘑菇及蒜頭碎,以小火炒至軟爛,再放入1大匙奶油及麵粉炒勻。

6 再倒入煮魚高湯,以小火煮滾,加入所有煮過的魚塊及剩餘鮮奶油,攪拌至濃稠滑順備用(圖2)。

7 烤皿先鋪上小菠菜葉,再倒入作法6魚餡料,均勻撒上起司絲(圖3),擠上奶油馬鈴薯泥(圖4)。

8 放入預熱至180℃的烤箱中,烤25~30分鐘。

瑞典海鮮雞尾酒 Sweden / 瑞典 🇸🇪

材料 / Ingredient

A 熟白蝦12尾、熟蟹腳4隻、
煙燻鮭魚60公克、新鮮蘿蔓
生菜8片、豌豆苗10公克

調味料 / Seasoning

A 美乃滋150公克、檸檬汁10
cc、蕃茄醬30公克、Tabasco
辣椒醬適量、辣醬油適量

B 檸檬1顆、辣椒粉適量

作法 / Cooking

1 熟白蝦去殼；熟蟹腳去殼；
檸檬刮取綠皮後切碎；檸檬
切塊；蘿蔓生菜泡冰水後冰
鎮約10分鐘，濾乾水分。

2 調味料A混合均勻即為醬
汁，放置冰箱冷藏備用。

3 取4個雞尾酒杯分別擺上適
量蘿蔓生菜、白蝦肉、蟹腳
肉、煙燻鮭魚、檸檬塊，再
淋上適量醬汁。

4 均勻撒上辣椒粉和檸檬皮
碎，最後放上豌豆苗即可。

> ### Chef's Tips
> 醃燻鮭魚可購買市售品，或參
> 考 p40「挪威蒔蘿生醃鮭魚」
> 作法。

森林煙燻扇貝 Denmark / 丹麥

材料 / Ingredient

A 扇貝8粒、乾黃蘑菇10公克、馬鈴薯1顆、丹麥奶油起司75公克、蘋果1顆、墨魚麵包2片、無鹽奶油10公克

B 新鮮歐芹適量、新鮮蒔蘿適量、食用花適量、煙霧槍1支

調味料 / Seasoning

A 菜籽油適量、海鹽適量、黑胡椒粉適量

B 海鹽適量、黑胡椒粉適量

作法 / Cooking

1 蘋果去籽後切成丁狀;乾黃蘑菇加水泡軟,備用。

2 馬鈴薯去皮後切丁狀,放入滾水中煮約5分鐘,撈起濾乾水分,放涼,再和丹麥奶油起司及海鹽、黑胡椒粉拌勻即為奶油馬鈴薯泥。

3 熱鍋,放入5公克奶油,以中火融化,放入墨魚麵包,以小火煎至焦黃酥脆後取出放涼,再捏成粉碎狀。

4 熱鍋,放入剩餘奶油,以中火融化,放入擰乾水分的黃蘑菇,以大火稍微拌炒後盛起備用。

5 熱鍋,倒入菜籽油,將扇貝以中火煎至兩面焦黃,撒上調味料B即可。

6 取4個含蓋的玻璃容器,分別填入奶油馬鈴薯泥於底部,再撒上適量墨魚麵包粉後壓緊實當作土壤,再放上扇貝,旁邊擺上蘋果丁及黃蘑菇,最後放上歐芹和蒔蘿、食用花裝飾。

7 煙霧槍填入胡桃木,點火後將燻煙灌入容器,快速蓋上蓋子即完成。

Chef's Tips

煎扇貝時鍋子一定要熱,才不會沾鍋,而且不要一直翻動扇貝,因為這樣會導致湯汁流出而不容易煎焦香,也會使得口感變乾硬。

若家中沒有煙霧槍,可利用炒鍋達到煙燻效果。煙燻料的胡桃木屑:紅糖:茶葉:白米為3:1:1:1,準備1個炒鍋,底部放1張鋁箔紙,鋪上煙燻料,鍋中放置網架,將扇貝抹上少許菜籽油後排於網架上,蓋上鍋蓋,以大火煙燻3分鐘左右至黃煙冒出即可。

蟹餅搭佐檸檬美乃滋 Norway / 挪威 🇳🇴

材料 / Ingredient

A 蟹肉300公克、洋蔥1顆、蒜頭1瓣、檸檬2顆、美乃滋150公克、馬鈴薯2顆、小黃瓜1條

B 低筋麵粉30公克、全蛋3顆、麵包粉80公克

調味料 / Seasoning

A 鹽1/2大匙、無鹽奶油1大匙

B 第戎芥末醬15公克、伍斯特郡辣醬油6公克、Tabasco辣椒醬適量、鹽適量、黑胡椒粉適量

C 菜籽油300公克

Chef's Tips

蟹餅還未沾粉前,形體一定要冰夠硬,在製作才不會鬆散。油炸時可放置室溫等稍微軟一點再炸。

亦可將馬鈴薯改為南瓜或地瓜,味道會更香甜。

作法 / Cooking

1 檸檬刮取綠皮切碎再榨汁,與美乃滋攪拌均勻即為檸檬美乃滋,放入冰箱冷藏。

2 洋蔥切碎;蒜頭切碎;小黃瓜刨薄片,備用。

3 馬鈴薯去皮後放入鍋中,加入1000cc水、調味料A,以大火煮滾,轉小火煮約20分鐘,牙籤可穿透馬鈴薯撈起放入調理盆中搗碎。

4 平底鍋中倒入菜籽油,以中火加熱,放入洋蔥碎和蒜頭碎,炒至焦黃後放涼備用。

5 蟹肉、洋蔥和馬鈴薯泥放入調理盆,加入1顆蛋及調味料B攪拌均勻(圖1),分成每顆約40公克圓球(圖2),依序完成後放入冰箱冷凍1小時。

6 取出後依序沾麵粉、剩餘全蛋液、麵包粉成蟹餅(圖3),再放入冰箱冷藏30分鐘待定型備用。

7 深炒鍋中倒入菜籽油,以中火加熱至170℃,放入沾粉的蟹餅,油炸約3分鐘呈金黃色,撈起後放置吸油紙上去除多餘油質(圖4)。

8 將炸好的蟹餅串上1片小黃瓜片,搭配檸檬美乃滋一起食用即可。

輕煎芥末醬扇貝 Norway / 挪威

材料 / Ingredient

A 扇貝6顆、牛蕃茄1顆、新鮮
歐芹適量、黃節瓜1條

B 無鹽奶油10公克、檸檬1
顆、新鮮巴西里適量

調味料 / Seasoning

A 菜籽油1大匙、紅酒醋適
量、海鹽適量、芥末籽醬10
公克、黑胡椒粉適量、細砂
糖適量

作法 / Cooking

1 牛蕃茄從底部劃十字,放
入滾水,以大火汆燙約1分
鐘,取出後將外皮剝掉,去
籽後切成1公分丁狀。

2 歐芹去除硬梗後切碎;黃節
瓜橫切成1公分厚片狀;巴
西里切碎;將調味料、歐芹

攪拌均勻為醬汁,備用。

3 平底鍋中加入奶油,以中火
加熱待融化後,放入扇貝,
以中火將兩面煎至焦黃,夾
起待涼後對切成斜厚片狀,
再將黃節瓜片放入鍋中,以
中火將兩面煎過後夾起待

涼,切1公分丁狀備用。

4 將牛蕃茄丁、黃節瓜丁及扇
貝放入調理盆,加入醬汁、
巴西里,擠上檸檬汁拌勻後
盛盤即可。

檸檬香草烤鱒魚 Norway / 挪 威 🇳🇴

材料 / Ingredient

A 鱒魚1尾、迷你馬鈴薯5顆、新鮮茴香頭30公克、新鮮蒔蘿30公克、新鮮歐芹30公克、法國龍蒿20公克、小蕃茄6顆、檸檬3顆、菜籽油適量

調味料 / Seasoning

A 鹽適量、黑胡椒粉適量

作法 / Cooking

1 將鱒魚去除魚鱗及內臟，洗淨後在魚身上劃切幾條深約2公分刀痕備用。

2 馬鈴薯切成1公分；茴香切成1公分；厚片檸檬切片；蒔蘿、歐芹分別去除硬梗切碎，備用。

3 將1顆檸檬刮取綠皮切碎再榨汁，和少許菜籽油一起混合拌勻即為檸檬香草醬，再均勻塗抹在鱒魚的刀口以及肚子裡，備用。

4 剩餘2顆檸檬切片；烤盤內先放上馬鈴薯片、小蕃茄、茴香片、蒔蘿和歐芹，再放上鱒魚，均勻撒上調味料和菜籽油，最後將檸檬片放在上頭備用。

5 將鱒魚放入預熱至230℃的烤箱中，烤約20分鐘，再以180℃燜烤約20分鐘至熟取出，再擠上少許檸檬汁，淋上少許菜籽油即可。

> **Chef's Tips**
>
> 在烤魚過程中表面若太黑可以倒入一些水及蓋上鋁箔紙，完成後拿竹筷輕輕插入魚最厚的地方，如果很容易插穿表示已經熟了。
>
> 買不到鱒魚可以使用海鱸魚替代。

丹麥起司海鮮酥塔 Denmark / 丹麥 ▇▇

材料 / Ingredient

A 薄派皮12×12公分16張、蝦仁200公克、蛤蜊300公克、墨魚200公克

B 洋蔥1顆、蒜頭2瓣、蘑菇100公克、綠節瓜200公克、蝦夷蔥10公克、紅蝦卵20公克

調味料 / Seasoning

A 丹麥奶油起司200公克、動物性鮮奶油200公克、無鹽奶油30公克、低筋麵粉10公克、白酒20cc、煮蛤蜊的水100cc

B 鹽適量、黑胡椒粉適量、細砂糖適量

作法 / Cooking

1 蝦仁去除腸泥切丁；墨魚去皮切丁；洋蔥切碎；蒜頭切碎；蘑菇切碎；綠節瓜切丁；蝦夷蔥切碎，備用。

2 蛤蜊放入鍋中，加入少許水，以小火將蛤蜊煮至全部開殼，取出後刮出蛤蜊肉。

3 平底鍋放入25公克奶油，以中火加熱融化，放入蝦仁丁、墨魚丁，稍微炒至焦黃上色，盛起備用。

4 將蒜碎、洋蔥碎放入原平底鍋，以中火炒香，倒入白酒，待收汁後加入麵粉拌炒均勻，再慢慢倒入煮蛤蜊的水、鮮奶油，接著加入蛤蜊及炒過的蝦仁丁和墨魚丁，以小火拌煮約5分鐘。

5 再加入調味料B拌勻，加入丹麥奶油起司、剩餘奶油、節瓜丁、蘑菇碎拌勻即為海鮮餡料（圖1）。

6 將每一張派皮塗上少許融化奶油液，放入烤模內，每個烤模放入4張派皮，輕輕按壓定型（圖2）。

7 烤箱預熱至150℃，將派皮放入烤箱，烘烤約10分鐘即可取出。

8 依序填入適量海鮮餡料於派皮中，再放上紅蝦卵及蝦夷蔥即可（圖3）。

▶ Chef's Tips

薄派皮遇空氣很容易乾掉，在
製作過程中需蓋濕布在派皮上
保持濕度，可以避免乾硬。

製作派皮塔時可以多做幾個，
放置保鮮盒，要食用時再放進
烤箱稍微熱一下即可恢復酥脆
口感。

蛤蜊水可以柴魚高湯替代。

Meat

鮮甜野味

肉類

Northern European Cuisine

Part 3

瑞典牛肉丸

Sweden / 瑞典

材料 / Ingredient

A 牛絞肉200公克、豬絞肉200
公克、洋蔥1/2顆、迷你馬鈴
薯4顆、牛奶500cc

調味料 / Seasoning

A 無鹽奶油1大匙、鹽1/4小匙

B 多香果粉1小匙、麵包粉50
公克、全蛋1顆、鹽1/4小
匙、黑胡椒粉1/4小匙

C 無鹽奶油1大匙、橄欖油1大
匙

D 黃汁粉20公克、牛奶200
cc、動物性鮮奶油50cc

E 越橘果醬適量

Chef's Tips

用油煎過牛肉丸的原鍋來煮醬汁，因鍋
中保有肉汁可將醬汁煮至更濃郁。

多香果粉（Allspice）又稱眾香子粉，
一般超市或南北雜貨皆有販售。

黃汁粉可至南北雜貨店購買。

作法 / Recipe

1 洋蔥切丁；馬鈴薯去皮後放
入鍋中，加入牛奶、調味料
A，以大火煮至滾，轉小火
煮約20分鐘，牙籤可穿透馬
鈴薯後撈起（圖1）。

2 將牛絞肉、豬絞肉、洋蔥丁
放入調理盆中，加入調味料
B攪拌均勻（圖2），用虎口

擠出重量25公克肉餡，整成
圓球狀（圖3）。

3 熱鍋，放入調味料C，以中
火將肉丸煎至每面呈金黃色
且熟透（圖4），即可盛盤
備用。

4 原鍋加入黃汁粉，以小火攪
拌均勻，再倒材料D的牛奶

快速攪拌均勻，以中火煮至
濃稠後離火，加入鮮奶油拌
勻即為醬汁。

5 將肉丸和馬鈴薯排入盤中
央，舀入適量越橘果醬，並
淋上作法4醬汁即可。

蔬菜芥末燴雞 Denmark / 丹麥

Chef's Tips

煎雞腿時雞皮先朝下，煎定型後逼出多餘油脂再翻面，將可減少油的用量。

材料 / Ingredient

A 土雞腿2隻、小菠菜150公克、芝麻葉30公克

調味料 / Seasoning

A 新鮮百里香10公克、新鮮迷迭香10公克、洋蔥碎15公克、蒜碎10公克、橄欖油15公克、匈牙利紅椒粉5公克、鹽適量、黑胡椒粉適量

B 無鹽奶油1大匙、洋蔥碎15公克、蒜碎10公克、低筋麵粉25公克、雞高湯200cc

C 動物性鮮奶油200cc、芥末子醬1大匙、黃芥末醬1小匙、鹽適量、黑胡椒粉適量

D 橄欖油少許、蒜碎少許、帕瑪森起司絲適量

作法 / Cooking

1 土雞腿去骨，加入調味料A醃15分鐘備用。

2 熱鍋，放入雞腿（雞皮朝下），以小火煎至兩面呈金黃色，轉大火逼出多餘油脂即可盛出，放置3分鐘降溫後再切片狀備用。

3 熱鍋，加入調味料B的奶油，放入洋蔥碎、蒜碎，以小火拌炒至香氣釋出，再加入麵粉略炒後，慢慢加入雞高湯拌炒至麵粉溶解，煮滾後再加入調味料C炒勻即為芥末奶油醬汁。

4 熱鍋，加入調味料D的橄欖油，放入蒜碎、小菠菜略炒後即可盛盤，再放入作法2的雞腿，淋上芥末奶油醬汁，撒上帕瑪森起司絲，放上芝麻葉搭配食用即可。

瑞典馬鈴薯燉牛肉 Sweden / 瑞典 🇸🇪

材料 / Ingredient

A 牛腹肉600公克、洋蔥2顆、迷你馬鈴薯4顆、牛奶500cc

調味料 / Seasoning

A 鹽1/2大匙、無鹽奶油1大匙

B 菜籽油1大匙、無鹽奶油100公克、低筋麵粉50公克

C 紅酒150cc、多香果粉1小匙、月桂葉2片、牛高湯800cc

D 鹽1小匙、黑胡椒粗粒1/2大匙

作法 / Cooking

1 牛腹肉切約5公分塊狀;洋蔥切塊狀,備用。

2 馬鈴薯去皮後放入鍋中,加入牛奶、調味料A,以大火煮至滾,轉小火煮約20分鐘,牙籤可穿透馬鈴薯即可撈起。

3 牛肉先擦乾水分,均勻沾上少許調味料B的麵粉。

4 熱鍋,加入菜籽油,放入牛肉,以大火煎至每面呈現金黃色,盛出備用。

5 原鍋加入調味料B的無鹽奶油加熱融化,加入洋蔥、蒜頭,以中火炒至洋蔥微焦糖色,放入剩餘麵粉略炒,再放入牛肉、調味料C,轉大火煮滾,再轉小火加蓋,燉煮1小時。

6 打開鍋蓋,加入調味料D,以小火煮15分鐘至熟軟,盛出,食用時可搭配馬鈴薯。

蒜味春雞佐起士馬鈴薯球　Finland / 芬蘭

材料 / Ingredient

A　小春雞2隻、迷你馬鈴薯4顆、黃節瓜1條、綠節瓜1條、帶皮蒜頭2顆、小洋蔥5粒、檸檬1粒

調味料 / Seasoning

A　新鮮百里香50公克、新鮮迷迭香30公克、橄欖油100cc、紅椒粉1小匙、鹽1/2大匙、黑胡椒粗粒1/2大匙、蒜碎30公克

B　帕瑪森起司粉1大匙、無鹽奶油50公克、鹽1小匙、細砂糖1小匙、動物性鮮奶油100cc

C　鹽少許、黑胡椒粉少許

> ### Chef's Tips
> 判別烤好的春雞是否熟的方法，可用竹籤往肉最厚的地方插入，流出的湯汁如果是清澈表示已經熟了。

作法 / Cooking

1　黃節瓜、綠節瓜切長形厚片；迷你馬鈴薯去皮；帶皮蒜頭切對半，備用。

2　小春雞用調味料A均勻塗抹後醃1小時（圖1），與帶皮蒜頭、小洋蔥一起放入烤箱，以220℃烤40分鐘至表皮金黃酥脆。

3　起鍋，加入1000cc水及1小匙鹽煮滾後，放入馬鈴薯球，以中火煮至牙籤可穿透馬鈴薯即可撈起備用。

4　調味料B以小火煮滾後，放入馬鈴薯球，以小火煮約5分鐘入味（圖2），即為起司馬鈴薯球。

5　取一平底鍋熱鍋，加入少許橄欖油，放入黃節瓜、綠節瓜，以中火將兩面煎至微焦（圖3），均勻撒上調味料C即可。

6　將春雞、起司馬鈴薯球、節瓜盛盤，食用時擠上檸檬汁即可。

芬蘭蘑菇肉丸　Finland / 芬蘭

> **Chef's Tips**
>
> 烹調時加入小豆蔻粉末（為荷蘭香料），可增加風味。
>
> 製作醬汁時，洋蔥不需炒至上色，醬汁色澤才會光滑漂亮。

材料 / Ingredient

A　牛絞肉200公克、豬絞肉200公克、洋蔥1顆、蘑菇5個、帶皮薯條適量、綠花椰菜50公克

調味料 / Seasoning

A　小豆蔻粉末1/4小匙、麵包粉50公克、全蛋1顆、鹽1/4小匙、黑胡椒粉1/4小匙

B　無鹽奶油1大匙、橄欖油1大匙

C　無鹽奶油25公克、低筋麵粉1大匙、小豆蔻粉末1/4小匙、牛奶50cc、動物性鮮奶油50cc

D　鹽1/4小匙、黑胡椒粉適量

作法 / Cooking

1　洋蔥切丁；蘑菇切片；綠花椰菜去粗皮後放入滾水燙熟；帶皮薯條放入170℃油鍋中；炸至呈金黃色後撈起濾油，備用。

2　將牛絞肉、豬絞肉、2/3份量的洋蔥丁放入調理盆，加入調味料A攪拌均勻，用手掌虎口擠出重量約25公克肉餡，整成圓球狀。

3　熱鍋，放入調味料B，以中火將肉丸煎至每面呈金黃色且透，即可盛盤備用。

4　原鍋加入材料C的無鹽奶油、剩下的洋蔥丁、蘑菇片，以小火炒至洋蔥呈透明，均勻撒入麵粉、小豆蔻粉末稍微炒後，再倒入牛奶快速攪拌均勻。

5　轉中火煮滾至濃稠狀，加入調味料D拌勻，關火後加入鮮奶油拌勻即可成醬汁。

6　將肉丸、帶皮薯條和綠花椰菜排入盤中央，淋上作法5醬汁即可。

丹麥咖哩肉丸 Denmark / 丹麥 🏳

> **Chef's Tips**
>
> 咖哩塊切碎烹煮時，較容易融於高湯中。

材料 / Ingredient

A 豬絞肉400公克、洋蔥1顆、迷你馬鈴薯4顆、綠花椰菜50公克、南瓜子適量

調味料 / Seasoning

A 小豆蔻粉末1/4小匙、麵包粉50公克、全蛋1顆、鹽1/4小匙、黑胡椒粉1/4小匙

B 無鹽奶油1大匙、橄欖油1大匙

C 無鹽奶油1大匙、低筋麵粉1大匙、咖哩粉1/2大匙、雞高湯500cc、咖哩塊50公克、酸奶2大匙

作法 / Cooking

1 洋蔥切丁；迷你馬鈴薯去皮後切對半；咖哩塊切碎；綠花椰菜去粗皮後放入滾水燙熟，備用。

2 將豬絞肉、2/3份量的洋蔥丁放入調理盆，加入調味料A攪拌均勻，用手掌虎口擠出重量約25公克肉餡，整成圓球狀。

3 熱鍋，放入調味料B，以中火將肉丸煎至每面呈金黃色且透，即可盛盤備用。

4 原鍋加入調味料C的無鹽奶油及剩下的洋蔥丁，以小火炒至洋蔥呈透明狀，撒入麵粉、咖哩粉稍微炒後，再倒入雞高湯快速攪拌均勻，煮滾後轉中火，加入迷你馬鈴薯煮約10分鐘。

5 加入咖哩塊碎，以中火煮至醬汁濃稠，再加入作法3的肉丸再次煮滾，熄火後加入酸奶拌勻，盛盤，排上綠花椰菜，撒上南瓜子即可。

香草脆皮烤豬肉　Denmark / 丹麥 🇩🇰

材料 / Ingredient

A 帶皮豬五花肉1000公克、迷
你馬鈴薯4顆

B 洋蔥1顆、蒜頭10粒、檸檬1
顆、新鮮迷迭香50公克、新
鮮鼠尾草10片、新鮮歐芹50
公克

調味料 / Seasoning

A 鹽2大匙、黑胡椒粉1大匙、
菜籽油2大匙

作法 / Recipe

1 洋蔥切絲;迷你馬鈴薯帶皮
切厚片;蒜頭切片;檸檬取
綠色皮切絲、歐芹取嫩葉,
備用。

2 在豬五花肉皮表面劃數刀紋
路,從皮跟肉中間切開至2/3
留1/3不切斷(圖1、2)。

3 將五花肉的肉面朝上攤平,
平均鋪上材料2(圖3),撒

上鹽、黑胡椒粉,慢慢捲起
成圓柱狀(圖4),用麻繩
將豬肉綁緊(圖5)。

4 取1個烤盤,均勻刷上1大匙
菜籽油,鋪上馬鈴薯,放上
綁好的豬肉卷(豬肉皮朝
上),在豬肉皮均勻刷上一
層菜籽油,放入已預熱至
210℃的烤箱,烤約35分鐘

時先取出馬鈴薯,繼續烤豬
肉約35分鐘,關掉火源再燜
10分鐘至熟即可。

5 取出豬肉切片,再利用烤盤
餘溫加熱馬鈴薯即可。

▶ Chef's Tips

挑豬肉要挑皮薄一點，要烤之
前可先用針將豬皮戳一戳，如
此可將皮烤得更加酥脆。

在豬肉皮表面刷上一層菜籽油
可以增加光澤度外，也能增加
酥脆口感。

芬蘭風蘋果燉肉 Finland / 芬 蘭 🇫🇮

材料 / Ingredient

A 豬肋排600公克

B 洋蔥1個、紅蘿蔔1根、蘋果2個、迷你馬鈴薯3顆、櫻桃蘿蔔2個、綠花椰菜50公克

調味料 / Seasoning

A 菜籽油1大匙、蘋果汁300cc、雞高湯300cc、鹽1小匙、黑胡椒粉1小匙

B 新鮮迷迭香10公克、新鮮百里香5公克、月桂葉1片、荳蔻粉1/4小匙

作法 / Cooking

1 豬肋排切塊;洋蔥切塊、紅蘿蔔切塊;蘋果去核籽後切6等份;馬鈴薯切對半;櫻桃蘿蔔切片;花椰菜去硬皮後切小朵,備用。

2 將菜籽油倒入鍋中,熱鍋,放入豬肋排,以大火煎至每面均勻呈金黃色,再加入洋蔥、紅蘿蔔、蘋果、馬鈴薯和調味料B拌炒至洋蔥呈透明狀。

3 倒入蘋果汁、雞高湯,以大火煮滾後轉小火,蓋上鍋蓋煮約40分鐘。

4 再加入蘋果、綠花椰菜、鹽和黑胡椒粉續煮10分鐘即可熄火,盛盤後放入櫻桃蘿蔔即可。

挪威白菜燉羊肉 Norway / 挪威

材料 / Ingredient

A 帶骨小羔羊肉塊1000公克、高麗菜1顆(約1公斤)、蒜頭6瓣

調味料 / Seasoning

A 黑胡椒粒2大匙、低筋麵粉4大匙、鹽1大匙

B 雞高湯1000cc

作法 / Cooking

1 羊肉塊洗淨;高麗菜留蒂後分切10等份,備用。

2 取一燉鍋,先鋪1/2份量羊肉塊,放上1/2份量高麗菜,平均撒上1/2份量調味料A;再重覆此步驟鋪上一層羊肉塊、高麗菜和調味料。

3 最後倒入雞高湯,蓋上鍋蓋,以大火煮至滾,再轉小火續燉煮1.5~2小時至熟軟即可。

丹麥牛肉漢堡配洋蔥　Denmark / 丹麥

材料 / Ingredient

A　牛絞肉300克、豬絞肉100克、迷你馬鈴薯4顆、洋蔥1顆、牛奶50cc、綠花椰菜50公克、小蕃茄適量

調味料 / Seasoning

A　鹽1/2大匙、無鹽奶油1大匙

B　低筋麵粉50公克、蛋黃1顆、融化奶油液1小匙、水4大匙

C　無鹽奶油1大匙、麵包粉25公克、全蛋1顆、鹽1/2小匙、黑胡椒粉適量

D　牛奶80cc、紅酒30cc、蕃茄紅醬60公克、蕃茄醬30公克、細砂糖15公克、鹽適量、黑胡椒粉適量

Chef's Tips

漢堡肉在還未烹調時，可在中間微按壓一個凹洞，兩面煎製時中間如果稍微突起表示已經熟了。

作法 / Cooking

1　取1/2份量洋蔥切碎，另一半切片；綠花椰菜汆燙熟後撈起，備用。

2　馬鈴薯去皮後放入鍋中，加入牛奶500cc、調味料A，以大火煮至滾，轉小火煮約20分鐘，牙籤可穿透馬鈴薯即可撈起備用。

3　熱鍋，加入調味料C的奶油，將洋蔥碎以小火炒至金黃色後放涼，另一半洋蔥泡入拌勻的調味料B至完全吸附，再用170℃油溫炸酥成圈狀，撈起瀝乾油分備用。

4　將牛絞肉、豬絞肉放入調理盆，加入鹽和黑胡椒粉攪拌至有黏性（圖1），再放入洋蔥碎、麵包粉、全蛋攪拌均勻，再分成4至5份，整成圓餅狀為漢堡肉備用。

5　用雙手將漢堡肉空氣拍掉（圖2），再放入熱鍋中，以中小火煎約4分鐘，翻面再續煎4分鐘（圖3），起鍋前以大火煎至兩面呈金黃微焦，即可與馬鈴薯、洋蔥圈一起盛盤。

6　原鍋，加入紅酒煮至酒精揮發，再放入其他調味料D，煮至醬汁濃稠後淋於漢堡排上，搭配綠花椰菜和小蕃茄食用即可。

冰島烤羊肉串 Iceland / 冰島 🇮🇸

Chef's Tips

法國龍蒿為香料，又稱龍蒿，
可至花市購買新鮮，或至西式
調味料行購買乾燥製品。

羊肉用香草醃漬過，可去除羊
騷味且增加獨特風味。

材料 / Ingredient

A 羊五花肉300公克、紫洋蔥1
　顆、青椒1/2顆、紅甜椒1/2
　顆、黃甜椒1/2顆、綠節瓜1
　條
B 蒜頭6粒、檸檬1顆

調味料 / Seasoning

A 橄欖油2大匙、白酒醋1大
　匙、新鮮法國龍蒿15公克、
　鹽1/2小匙、黑胡椒粉1/2小
　匙、烤肉醬2大匙

作法 / Cooking

1 羊五花肉切約2公分小塊；
　紫洋蔥切小塊；所有甜椒切
　小塊；綠節瓜切段；蒜頭切
　碎，備用。

2 將羊五花肉放入調理盆中，
　加入蒜頭、調味料醃1小時
　入味備用。

3 取1支烤肉鐵串，依序串入
　洋蔥、甜椒、羊肉，最後再
　串入綠節瓜，繼續完成所有
　肉串備用。

4 將烤箱預熱至220℃，放入
　羊肉串，烤10～12分鐘，中
　間可取出刷上一層烤肉醬，

再繼續烤至微焦上色，食用
時擠上檸檬汁即可。

瑞典炭烤帶骨里肌　Sweden / 瑞典 🇸🇪

材料 / Ingredient

A　帶骨豬里肌400公克、迷你馬鈴薯4顆、芝麻葉50公克、牛奶500cc

B　洋蔥丁150公克、薑末15公克、去皮蘋果丁3顆

調味料 / Seasoning

A　鹽1/2大匙、無鹽奶油1大匙

B　白酒30cc、鹽適量、黑胡椒粗粒適量

C　菜籽油1大匙、黑糖120公克、檸檬汁50cc、紅酒醋15cc、柳橙汁60cc、荳蔻粉1/2小匙、丁香粉1/4小匙、肉桂粉1/4小匙、鹽適量、白胡椒粉適量

作法 / Cooking

1　馬鈴薯去皮後放入鍋中，加入牛奶、調味料A，以大火煮滾，轉小火煮約20分鐘，牙籤可穿透馬鈴薯即可撈起備用。

2　將帶骨豬里肌以調味料B醃15分鐘，放上加熱的紋狀炭烤平底鍋，以中火煎烤至兩面上色呈微焦狀，再放入180℃烤箱中，烤約5分鐘即可盛盤。

3　熱鍋，放入菜籽油、洋蔥丁、薑末，以中火爆香，再加入蘋果丁炒軟，加入其他調味料C，以小火燉煮30分鐘，放涼後即為蘋果蜜醬。

4　將豬里肌、奶油馬鈴薯、芝麻葉排盤，搭配2大匙蘋果蜜醬一起食用即可。

> Chef's Tips
>
> 蘋果蜜醬可先烹調完成，再放入冰箱冷藏保存，非常適合搭配煎烤肉類食用。

炭芳香羔羊 Iceland / 冰島 🇮🇸

材料 / Ingredient

A 羔羊肋排4隻、馬鈴薯2顆、
  芝麻葉50公克、迷你紅蘿蔔
  2根、晚香筍2根

調味料 / Seasoning

A 鹽1/2大匙、無鹽奶油1大匙

B 新鮮法國龍蒿15公克、無鹽
  奶油30公克

C 蛋黃1顆、無鹽奶油50公
  克、動物性鮮奶油120cc、
  荳蔻粉1/4小匙、鹽適量、白
  胡椒粉適量

D 橄欖油2大匙、鹽適量、黑
  胡椒粉適量

E 新鮮法國龍蒿5公克、紅蔥
  頭碎30公克、白酒100cc、
  白酒醋10cc、鹽適量、黑胡
  椒粗粒適量、牛骨肉汁400
  cc

> **Chef's Tips**
>
> 一開始醃漬羔羊肋排是為了增添油脂與
> 香草氣味，之後要先擦拭乾淨，撒上鹽、
> 黑胡椒粉後，要抹上橄欖油，這樣才能
> 烤得均勻。

作法 / Cooking

1 羔羊肋排去筋末；迷你紅蘿
  蔔、晚香筍汆燙熟，撈起瀝
  乾水分備用。

2 馬鈴薯放入鍋中，加入1000
  cc水、調味料A，以大火煮
  滾，轉小火煮約20分鐘，牙
  籤可穿透馬鈴薯即可撈起，
  切對半後中間挖空呈船型，
  挖出馬鈴薯泥，再打成泥
  狀，加入調味料C拌勻即為

奶油馬鈴薯泥備用。

3 羔羊肋排以法國龍蒿、1/2份
  量調味料D醃30分鐘待入味
  （圖1），撒上剩餘調味料D
  的鹽、黑胡椒粉，刷上一層
  橄欖油。

4 將羔羊肋排放入加熱的紋狀
  炭烤平底鍋，以中火煎烤至
  兩面呈微焦狀（圖2），用
  手按壓中心點，感覺有彈性

且浮現出肉汁即可。

5 將所有調味料E放入鍋中
  （圖3），以小火煮至湯汁
  濃縮剩一半量，過濾後加入
  調味料B的無鹽奶油拌勻。

6 將羊肋排擺入盤中，附上奶
  油馬鈴薯泥、芝麻葉、紅蘿
  蔔、晚香筍，淋上作法5醬
  汁即可。

炸雞肝配蘋果甜菜　Denmark / 丹麥 🇩🇰

> **Chef's Tips**
>
> 雞肝修掉綠色部分是雞肝與膽相接部位，修掉才不會苦。
>
> 煎雞肝時可用手去按壓，如果感覺有彈性就差不多快熟了。

材料 / Ingredient

A　雞肝150公克、甜菜根150公克、培根2片、珍珠紫洋蔥1顆、蘋果1顆、全麥麵包4片、新鮮巴西里適量

調味料 / Seasoning

A　無鹽奶油1大匙、鹽適量、白胡椒粉適量、紅酒醋20cc

B　紅酒醋15cc、第戎芥末醬1大匙、新鮮歐芹末適量、蝦夷蔥碎適量

C　菜籽油適量、鹽適量、白胡椒粉適量、巴薩米可醋膏適量

作法 / Cooking

1　雞肝修掉綠色部分，再切成一口大小；甜菜根去皮後切小丁；紫洋蔥切小丁；蘋果去皮切丁，備用。

2　平底鍋加熱，加入無鹽奶油，放入雞肝，撒上鹽和白胡椒粉，煎至雞肝呈金黃色，再淋上調味料A的紅酒醋拌炒均勻即可。

3　將調味料B放入調理盆攪拌均勻，再分次加入菜籽油攪拌均勻，最後加入鹽、白胡椒粉拌勻即為醬汁。

4　將所有蔬菜擺入盤中，放入雞肝，淋上作法3醬汁、巴薩米可醋膏，搭配全麥麵包食用即可。

鄉村風烤豬肋排 Denmark / 丹麥

材料 / Ingredient

A 豬肋排4隻、洋蔥1/2顆、紅蘿蔔80公克、西洋芹1支、青蒜1支、蒜頭5粒、檸檬1粒

調味料 / Seasoning

A 白酒30cc、鹽適量、白胡椒粉適量

B 雞高湯500cc、黑胡椒粒10公克、月桂葉1片

C 烤肉醬3大匙、蕃茄醬1大匙、蜂蜜1/2大匙、奧利岡香料適量

作法 / Cooking

1 洋蔥切丁；紅蘿蔔切丁；西洋芹切丁；青蒜切丁；蒜頭拍扁，備用。

2 豬肋排以調味料A醃1小時後放入鍋內，加入作法1所有蔬菜、調味料B，以大火煮滾，轉小火煮45～60分鐘後撈起備用。

3 將調味料C混合拌勻即為烤肉醬備用。

4 將豬肋排放入190℃烤箱中，先烤12分鐘至表面呈金黃色，再均勻刷上作法3烤肉醬，可刷2至3次，邊烤邊刷醬汁續烤約20分鐘，取出時撒上奧利岡香料，擠上檸檬汁即可。

Chef's Tips

豬肋排烤到表面呈金黃色，再刷上醬料，如此將增加更多炭烤香氣。

冰島羊肉湯 Iceland / 冰島 🇮🇸

材料 / Ingredient

A 去骨羊腿180公克、小高麗菜4顆、燕麥30公克

B 洋蔥1顆、去皮紅蘿蔔50公克、去皮白蘿蔔50公克、西洋芹1支、青蒜1支、馬鈴薯1顆

調味料 / Seasoning

A 鹽適量、白胡椒粉適量

B 無鹽奶油30公克、月桂葉1片、牛骨高湯1500cc、梅林辣醬油1小匙、鹽適量、白胡椒粉適量

> ### Chef's Tips
>
> 炒蔬菜一定要炒透,但忌炒至過於軟爛,如此煮出來的湯才會香甜。

作法 / Cooking

1 洋蔥去皮切丁;紅蘿蔔切塊;白蘿蔔切丁;西洋芹切丁;青蒜切丁;馬鈴薯去皮切丁;高麗菜去蒂切塊;燕麥洗淨,備用。

2 將羊腿肉切塊,以調味料A醃漬10分鐘,再放入已預熱180℃的烤箱,烤15分鐘至上色後取出盛盤。

3 起鍋,加入無鹽奶油,加入洋蔥丁、月桂葉,以中火炒香,加入所有蔬菜丁拌炒均勻(圖1),再倒入牛骨高湯、烤過的羊腿肉,以大火煮滾(圖2)。

4 放入高麗菜、燕麥(圖3),以小火燉煮45分鐘至肉質軟爛,再放入梅林辣醬油、鹽及白胡椒粉調味即可盛盤。

Vegetables

慢活滋味
蔬菜

Northern European Cuisine

Part 4

牛肝菌黃蘑菇燉飯 Finland / 芬蘭 🇫🇮

材料 / Ingredient

A 金墩米150公克、乾黃蘑菇30公克、乾牛肝菌菇20公克、香菇2朵

B 大蘆筍1支、綠節瓜1/2條、炸好的新鮮蘑菇20公克、芝麻葉20公克

調味料 / Seasoning

A 菜籽油2大匙、無鹽奶油30公克、白酒20cc、動物性鮮奶油20cc、高湯1000cc、黑松露醬10公克

B 黑胡椒粉適量、鹽少許、細砂糖少許

C 橄欖油20cc、老酒醋5cc、黑胡椒粉適量、鹽少許

D 義大利香料適量、帕瑪森起司粉適量

作法 / Cooking

1 乾黃蘑菇、乾牛肝菌菇加水泡軟（圖1）；香菇切成塊狀；蘆筍去除硬皮和綠節瓜切成小塊狀，備用。

2 深炒鍋以小火燒熱，加入1大匙菜籽油、15公克奶油，融化後將香菇塊放入鍋中，將牛肝菌菇及乾黃蘑菇擰乾水分後加入炒鍋中，以大火稍微拌炒均勻後盛起。

3 再倒入1大匙菜籽油於原鍋中，放入金墩米，以小火拌炒至米邊緣呈透明狀，再倒入白酒待酒收快乾時，倒入1/2份量高湯及適量泡牛肝菌菇和黃蘑菇的水，以中火煮約5分鐘。

4 加入炒好的菌菇及黑松露醬（圖2），再倒入剩餘高湯，以中火煮約10分鐘，放入切好的蘆筍和綠節瓜，加入調味料B拌勻（圖3），蓋上鍋蓋後關火燜約5分鐘。

5 再加入鮮奶油、剩餘奶油，以小火拌煮至濃稠滑順即完成燉飯（圖4）。

6 將炸好的蘑菇、芝麻葉放入炒鍋，加入調味料C一起拌炒均勻，再鋪於燉飯，均勻撒上調味料D即可

蛋黃醬烤蘆筍蒔蘿鱈魚子 Finland / 芬蘭

> **Chef's Tips**
>
> 烘烤蘆筍時烤箱一定要熱，否則就不容易焦化，且太熟會失去蘆筍本身的脆脆口感。
>
> 最後可以撒上一些麵包粉、起司粉、巴西里、鹽及黑胡椒粉混合的香料麵包粉，一起烘烤可增加香脆口感。

材料 / Ingredient

A 大蘆筍6支、新鮮蒔蘿30公克、蒜頭1瓣、明太子30公克、蛋黃2顆

調味料 / Seasoning

A 美乃滋60公克、動物性鮮奶油30cc

B 黑胡椒粉適量、鹽適量、菜籽油1大匙

作法 / Cooking

1 蘆筍去除硬皮；蒔蘿去除硬梗後切碎；蒜頭切碎。

2 將明太子、蒔蘿碎、蛋黃及調味料A放入調理盆，混合攪拌均勻即為醬汁。

3 將蘆筍排列於烤皿，放入蒜頭碎，均勻撒上調味料B，再淋上菜籽油。

4 將蘆筍放入以230℃預熱的烤箱中，烤約10分鐘後取出，均勻淋上醬汁，再放入烤箱烤約3分鐘至醬汁稍微融化即可。

丹麥藍起司烤南瓜 Denmark / 丹麥

> **Chef's Tips**
>
> 可將南瓜替換成地瓜。
>
> 南瓜在烘烤時盡量不要翻動，
> 這樣才能使南瓜底部焦糖化，
> 口感會更加香甜。

材料 / Ingredient

A 南瓜1顆、紫洋蔥1顆、櫻桃
蕃茄200公克、蒜頭2粒、南
瓜子20公克

調味料 / Seasoning

A 新鮮百里香葉5公克、丹麥
藍起司150公克

B 菜籽油1大匙、黑胡椒粉適
量、鹽適量

作法 / Cooking

1 南瓜洗淨後切成對半，取出
所有的籽，再分切成寬4公
分的長塊狀；紫洋蔥去皮後
分切成寬3公分塊狀；櫻桃
蕃茄洗淨保留蒂頭；蒜頭切
片，備用。

2 將南瓜、紫洋蔥和櫻桃蕃茄
擺在烤皿中，均勻鋪上蒜
片、百里香葉，均勻加入調
味料B調味。

3 烤箱預熱230℃，將調味
好的南瓜放入烤箱，先以
220℃烤約30分鐘，取出後
均勻鋪上丹麥藍起司，放
入烤箱烤約5分鐘至起司融
化，再撒上南瓜子即可。

芬蘭風味白菜卷 Finland / 芬蘭 🇫🇮

材料 / Ingredient

A 高麗菜8片、洋蔥1顆、牛絞肉450公克、白米50公克、水150cc、全蛋1顆、新鮮馬鬱蘭5公克

B 牛奶20cc、麵包粉20公克、純楓糖漿30cc

調味料 / Seasoning

A 鹽少許、菜籽油1大匙、黑胡椒粉少許、越橘果醬適量

B 牛肉高湯100cc、無鹽奶油丁50公克、鹽少許、黑胡椒粉少許

作法 / Cooking

1 將高麗菜放入滾水中汆燙至葉片變軟，撈起瀝乾水分待微涼，分別切除硬梗備用（圖1）。

2 洋蔥切碎，平底鍋倒入菜籽油，以中火加熱，放入洋蔥碎，以中火炒至焦黃後盛出放涼備用。

3 將水、白米和調味料A的鹽加入平底鍋中，以中火煮滾，蓋上鍋蓋後以小火煮約12分鐘，烹煮時要不斷攪拌，燜至熟透後關火，放涼備用。

4 將牛奶和麵包粉稍微拌一下，浸泡至膨漲備用。

5 將牛絞肉放入調理盆中，加入鹽攪拌至有黏性，再加入作法3熟米、洋蔥碎、打散的蛋、馬鬱蘭、調味料A的黑胡椒粉和泡過的麵包粉，攪拌均勻即為餡料，放置冰箱冷藏備用。

6 取1片高麗菜鋪於砧板上，在靠近自己這端鋪上約50公克餡料後稍微按壓，再將兩邊葉子向內折（圖2），再向前捲起成圓柱狀（圖3），依序完成所有的高麗菜卷。

7 烤皿內抹上少許奶油，將高麗菜卷整齊排放於烤皿內，倒入牛肉高湯，均勻放入剩餘奶油丁，均勻撒上鹽和黑胡椒粉。

8 放入230℃預熱的烤箱中，先以220℃烤約30分鐘，取出後均勻刷上楓糖漿（圖4），再以180℃烤約30分鐘即可取出，再沾越橘果醬一起食用。

芬蘭野菇奶油濃湯 Finland / 芬蘭

> ### Chef's Tips
> 高湯一開始倒入時不要太多，可以先與麵粉拌勻成糊狀沒有顆粒，再慢慢倒入鍋中，麵粉才不會結塊而影響口感。

材料 / Ingredient

A 馬鈴薯2顆、乾牛肝菌菇50公克、蘑菇80公克、香菇80公克、洋蔥1顆、培根30公克、麵粉20公克

調味料 / Seasoning

A 白酒20cc、無鹽奶油50公克、高湯300cc

B 動物性鮮奶油200cc、松露菇醬15公克、牛奶100cc

C 黑胡椒粉適量、鹽適量、細砂糖少許

作法 / Cooking

1 馬鈴薯去皮切成丁；乾牛肝菌菇加水泡軟，擠掉水分後切碎；蘑菇切碎；香菇切片；洋蔥切碎；培根切絲，備用。

2 湯鍋內放入1/2份量奶油，以中火加熱融化，放入洋蔥碎、培根絲和馬鈴薯丁，以中火炒香，再加入牛肝菌菇、蘑菇碎和香菇片，以中火炒至焦黃色。

3 倒入白酒待收汁後，加入麵粉拌炒均勻，再慢慢倒入高湯，以小火煮約20分鐘即關火，待微涼後倒入食物調理機打成泥狀。

4 將作法3材料倒回湯鍋中，加入調味料B，以小火煮滾，加入調味料C，放入剩餘奶油攪拌均勻即可。

春季豌豆湯搭羊起司碎 Denmark / 丹麥 🇩🇰

> ### Chef's Tips
>
> 可以保留一些燙過的青豆仁放入作法 4 一起打成泥狀，則成品的顏色會更鮮艷。
>
> 將青豆仁更換南瓜或蘆筍，會有不同風味。

材料 / Ingredient

A 青豆仁80公克、西洋芹20公克、馬鈴薯1顆、洋蔥30公克、新鮮歐芹10公克、雞高湯400cc、羊起司丁10公克

調味料 / Seasoning

A 動物性鮮奶油100cc、無鹽奶油50公克、鹽適量、黑胡椒粉適量、細砂糖適量

作法 / Cooking

1 青豆仁放入沸水中燙熟，撈起後瀝乾水分備用。

2 西洋芹去粗纖維後切小塊；馬鈴薯去皮後切小塊；洋蔥切碎、歐芹去除硬梗後切碎，備用。

3 熱鍋，放入25公克奶油，以小火融化，再放入洋蔥、西洋芹炒香，加入馬鈴薯、青豆仁、雞高湯，以小火熬煮約15分鐘後放置冷卻。

4 將作法3材料、歐芹碎，以食物調理機攪打成泥狀，再倒回鍋裡，以大火煮沸，加入25公克奶油、鮮奶油、鹽、黑胡椒粉、糖調味，最後撒上羊起司丁。

花椰菜鮮蝦蕃茄螺旋麵　Sweden / 瑞典 🇸🇪

材料 / Ingredient

A 鮮蝦80公克、洋蔥60公克、黃節瓜60公克、蒜頭3粒、牛蕃茄1顆、花椰菜50公克、螺旋麵80公克

調味料 / Seasoning

A 菜籽油2大匙、起司粉適量、白酒100cc、黑胡椒粉適量、鹽適量

B 新鮮百里香葉2公克、紅椒粉2公克

C 蕃茄麵醬150cc、煮麵水50cc

作法 / Cooking

1 將鮮蝦去殼去除腸泥（圖1）；洋蔥切碎；黃節瓜切片；蒜頭切碎；牛蕃茄切丁；花椰菜切小朵，備用。

2 湯鍋內加入適當水及鹽，以大火煮滾，再放入螺旋麵煮約5分鐘，加入花椰菜續煮約2分鐘（圖2），再一起撈起後放入容器，淋上少許菜籽油拌勻備用（圖3）。

3 平底鍋以小火加熱，倒入菜籽油，以大火將鮮蝦稍微炒至焦黃上色，夾起備用。

4 將蒜碎、洋蔥碎放入原鍋中，以中火炒香，再加入調味料B稍微拌炒，倒入白酒待水分收乾。

5 再依序加入牛蕃茄丁、鮮蝦、螺旋麵、花椰菜和調味料C（圖4），以中火拌炒約3分鐘，放入黃節瓜片，以中火稍微拌炒，加入黑胡椒粉、鹽調味，再撒上起司粉即可。

蔬菜起司沙拉 Finland / 芬蘭 🇫🇮

> **Chef's Tips**
>
> 所有的蔬果處理完成後,可以先放置冰箱冷藏會更冰涼清脆,費達起司本身已有鹹味,所以要注意醬汁不宜太鹹。
>
> 買不到費達起司,可使用莫札瑞拉起司替代。

材料 / Ingredient

A 蘿蔓生菜1顆、牛蕃茄1粒、洋地瓜50公克、紅蘿蔔1條、黃節瓜1條、小黃瓜1條、火焰生菜適量、新鮮蒔蘿適量

B 費達起司丁30公克、帕瑪森起司粉適量

調味料 / Seasoning

A 菜籽油2大匙、檸檬汁10cc、果糖5cc、鹽適量、 黑胡椒粉適量

作法 / Cooking

1 將所有調味料放入調理盆攪拌均勻為醬汁。

2 蘿蔓生菜切成8公分長條狀;牛蕃茄切成塊狀;黃節瓜、洋地瓜、紅蘿蔔分別去皮,備用。

3 將洋地瓜、紅蘿蔔、小黃瓜、黃節瓜一起刨成長薄片後,和美生菜放入冰水中冰鎮,濾乾水分備用。

4 將冰鎮好的蘿蔓生菜、牛蕃茄盛入盤中間,再將刨成長薄片的蔬菜捲起後排列於蘿蔓生菜周圍,將火焰生菜、蒔蘿放置上方。

5 再放上費達起司丁,淋上拌好的醬汁,撒上帕瑪森起司粉即可完成。

甜菜根起司沙拉 Finland / 芬蘭

材料 / Ingredient

A 甜菜根200公克、馬鈴薯2顆、蘋果1顆、覆盆子50公克、酸黃瓜1條、鯷魚5公克

B 奶油起司100公克、新鮮蒔蘿適量

調味料 / Seasoning

A 優格50cc

B 越橘蘋果醋45cc、鹽3公克、黑胡椒粉適量、細砂糖20公克

作法 / Cooking

1 奶油起司和優格放入調理盆攪拌均勻為淋醬。

2 甜菜根去皮後切成1公分丁狀；馬鈴薯去皮後切成1公分丁狀；蘋果切成1公分丁狀；酸黃瓜切成1公分丁狀；鯷魚切碎，備用。

3 將甜菜根丁和馬鈴薯丁放入滾水中煮約5分鐘，撈起後濾乾水分，放涼。

4 將調味料B混合拌勻，放入處理好的材料A拌勻，再放置冰箱冷藏約1小時，食用時淋上作法1拌勻的醬汁，以蒔蘿裝飾即可。

> Chef's Tips
>
> 甜菜根丁和馬鈴薯丁不宜煮得過於軟爛，否則會失去蔬菜本身脆脆的口感。
>
> 若不加鯷魚，素食者可食用。

春季野菜温沙拉 Finland / 芬蘭 🇫🇮

材料 / Ingredient

A 蘿蔓生菜200公克、紫包心生菜3片、黃節瓜1條、綠節瓜1條、蘋果1顆、牛蕃茄2顆

B 新鮮百里香適量、新鮮歐芹適量、黑橄欖6粒、九層塔葉3片

調味料 / Seasoning

A 覆盆子油醋50cc、果糖10cc、覆盆子果泥10公克、黑胡椒粉少許、海鹽1小匙、第戎芥末醬5公克、檸檬1粒

B 橄欖油1大匙、帕瑪森起司粉適量

> ### Chef's Tips
>
> 蔬果在燒烤的時間應取決於形體的大小而有所不同，只要表面焦化的香味及帶出蔬果的甜味即可，否則就失去蔬果本身的脆脆口感。
>
> 可將覆盆子油醋改成白酒醋或蘋果醋，覆盆子果泥可使用新鮮的漿果替代。

作法 / Cooking

1 蘿蔓生菜、紫包心生菜放入冰水中冰鎮後濾乾水分；將黃節瓜、綠節瓜分切成4等份長條狀（圖1）；蘋果去皮去籽切成2公分厚塊狀，備用。

2 牛蕃茄從底部劃十字後放入滾水，以大火汆燙約1分鐘（圖2），取出後將外皮剝掉，切成2公分厚片。

3 將燒烤鍋（或平底鍋）以小火加熱，倒入橄欖油，將切好的蔬果放置烤盤上，以中火燒烤2分鐘至兩面均勻上色（圖3）。

4 百里香、歐芹分別切碎，和調味料A混合均勻為醬汁。

5 將蘿蔓生菜及烤好的蔬果切成2公分塊狀，加入拌勻的醬汁，再撒上帕瑪森起司粉拌勻（圖4），盛盤後放上黑橄欖和九層塔葉即可。

Dessert

滿足味蕾
點心

Northern European Cuisine
Part 5

卡亞蘭餡餅 Finland / 芬蘭 🇫🇮

材料 / Ingredient

A 馬鈴薯2個、無鹽奶油50公
克、動物性鮮奶油120cc、
荳蔻粉1/4小匙、鹽適量、白
胡椒粉適量

B 水煮蛋4顆、融化奶油液1大
匙、美乃滋2大匙、小蕃茄2
顆

C 全麥麵粉150公克、低筋麵
粉150公克、鹽1/2小匙、水
160cc、無鹽奶油1小匙

作法 / Cooking

1 馬鈴薯去皮；小蕃茄去蒂頭
後切半，備用。

2 將1000cc水、1/2大匙鹽放入
鍋中，放入馬鈴薯，以大火
煮至沸騰，轉小火煮約10分
鐘，用牙籤可穿透馬鈴薯即
可撈起備用。

3 將馬鈴薯打成泥狀，加入其
他材料A攪拌均勻成奶油馬
鈴薯泥。

4 將水煮蛋攪碎（或切碎），
加入融化奶油液、美乃滋拌
勻為蛋餡。

5 製作塔皮：將材料C混合拌
勻成光滑不黏手麵糰，蓋上
保鮮膜靜置40分鐘，自然發
酵脹大為原來1.5倍大。

6 在工作檯上撒上適量低筋麵
粉，放上麵糰，桿成長方形
薄片，以直經約6公分慕斯
圈壓出數個圓形（圖1），
分別舀入1大匙奶油馬鈴薯
泥（圖2），周邊折皺褶成
容器狀（圖3），再放入烤
箱，以200℃烤18～20分鐘
至金黃後取出降溫。

7 取適量蛋餡填入烤好的塔皮
中（圖4），以小蕃茄裝飾
即可。

▶ Chef's Tips

這是芬蘭的家庭常備點心，塔
皮材料可做 12 個，用不完的
塔皮可以放入冰箱冷凍保存。

奶油馬鈴薯泥可以奶油飯替
代，或以各種鹹味餡料替換，
例如：火腿、起司等。

這道點心溫熱或冰涼吃皆可。

芬蘭聖誕粥 Finland / 芬 蘭 🇫🇮

> Chef's Tips
>
> 在煮粥時要不斷攪拌，以免鍋底燒焦。
>
> 乾果可以先用蔓越莓汁浸泡一下再煮，味道比較容易釋出。

材料 / Ingredient

A 米150公克、水300cc、牛奶700cc

B 杏桃150公克、芒果乾50公克、蔓越莓乾50公克、覆盆子30公克、藍莓30公克、肉桂1支、蔓越莓汁300cc

調味料 / Seasoning

A 細砂糖50公克、鹽1小匙、無鹽奶油30公克

B 玉米粉10公克、黑醋栗汁2大匙

作法 / Cooking

1 杏桃切塊；芒果乾切塊；玉米粉加入等量的水一起調勻，備用。

2 將水倒入鍋中煮滾，加入米，以小火煮至水全部吸收，再倒入牛奶，蓋上鍋蓋，以小火煮約40～60分鐘，加入調味料A攪拌呈濃稠的粥狀即關火。

3 蔓越莓汁倒入鍋中，放入杏桃乾、芒果乾、黑醋栗汁和肉桂，以小火煮約20分鐘，再倒入拌勻的玉米粉水勾縴，煮滾為水果湯備用。

4 將煮好的牛奶粥盛入碗中，每碗淋上1大匙水果湯，擺上覆盆子、藍莓和肉桂即可食用。

瑞典藍莓湯 Sweden / 瑞 典

材料 / Ingredient

A 新鮮藍莓400公克、新鮮蔓
  越莓400公克

B 細砂糖130公克、玉米粉3大
  匙、水800cc、動物性鮮奶
  油適量

作法 / Cooking

1 將藍莓、蔓越莓清洗乾淨。

2 將水煮至沸騰,放入藍莓、
  蔓越莓,以大火煮滾,轉小
  火煮約15～20分鐘,玉米粉
  用少許水調勻,再倒入鍋中
  快速攪拌均勻,且煮至呈濃
  稠狀。

3 最後加入細砂糖拌勻,再次
  煮滾,食用時淋上動物鮮奶
  油即可。

瑞典風味肉桂卷 Sweden / 瑞典 🇸🇪

材料 / Ingredient

A 牛奶250cc、融化奶油液60
公克、酵母粉7公克、荳蔻
粉1小匙、細砂糖100公克、
全蛋2顆、中筋麵粉450公
克、鹽1小匙

B 二砂糖150公克、肉桂粉2大
匙、融化奶油液50公克

C 全蛋液適量、細砂糖適量

作法 / Cooking

1 將材料B的二砂糖、肉桂粉
放置調理盆中，拌勻成肉桂
糖備用。

2 全蛋打勻；荳蔻粉與鹽混合
均勻，備用。

3 將牛奶加熱至40～45℃，放
入奶油液及酵母粉拌至融化
且均勻，加入混合的荳蔻粉
和鹽、細砂糖、全蛋，再分
次倒入中筋麵粉攪拌均勻成
糰，蓋上保鮮膜，放置1小
時，發酵脹大為原來1.5倍大
即可。

4 將麵糰放置有撒上少許麵粉
的工作檯，用桿麵棍桿成長
方薄片，均勻刷上材料B的
奶油液，再撒上肉桂糖（圖
1），捲成圓柱狀（圖2），
分切3公分段狀（圖3），放
置鋪烘培紙的烤盤上再次發
酵20分鐘（圖4）。

5 均勻刷上一層全蛋液，撒上
細砂糖，放入預熱至210℃
的烤箱，烘烤8～10分鐘至
上色即可。

Chef's Tips

添加現磨荳蔲粉，香氣會更加
濃郁。

麵粉如果一次加入，會不容易
揉合成糰，所以建議分次加
入，也可視麵糰濕度決定麵粉
使用量。

北歐黑麥麵包 Denmark / 丹麥

> Chef's Tips
>
> 一開始揉麵糰時，如果比較乾燥可加入適當的溫水來調整。
>
> 可在二次揉麵糰時，加入個人喜愛的堅果或葡萄乾。

材料 / Ingredient

A 黑麥麵粉200公克、全麥麵粉200公克、鹽1/2小匙

B 酵母粉7公克、香菜種子1小匙、蜂蜜1大匙、溫水250cc

C 玉米粉適量

作法 / Cooking

1 材料A放入調理盆中混合均勻備用。

2 將材料B混合均勻，慢慢倒入作法1中拌揉成光滑有彈性的麵糰，大約揉10分鐘，再放入有塗上蔬菜油的調理盆中，蓋上保鮮膜，放置1～1.5小時，發酵脹大為原來1.5倍大即可。

4 取出放置有撒麵粉工作檯，拌揉麵糰把空氣壓掉。

5 放置有塗上蔬菜油烤模中，蓋上保鮮膜，放置溫暖處發酵45分鐘，撒上玉米粉後，在表面切3刀，放入已預熱至210～225度℃的烤箱裡烘烤40～45分鐘即可。

風車起酥餅 Finland / 芬蘭 🇫🇮

材料 / Ingredient

A 丹麥酥皮8片、藍莓果醬60
公克、蘋果果醬60公克、新
鮮藍莓4顆、新鮮覆盆子4顆

B 蛋黃2顆、糖粉適量

作法 / Cooking

1 每片丹麥酥皮從四個角向中
心剪一刀,大約剪1/3的尺
寸備用。

2 在丹麥酥皮中間放上1大匙
藍莓果醬,將每個右邊的角
往中心點折放,再加少許藍
莓果醬沾黏固定,外表刷上
打勻的蛋黃,其他酥皮繼續
完成備用。

3 烤箱預熱至220℃,放入作
法2酥皮,烤約12～15分
鐘,顏色呈現金黃酥脆,放
上1顆藍莓,待涼後篩上糖
粉即可。

丹麥煎餅球　　Denmark / 丹麥 🇩🇰

材料 / Ingredient

A 鬆餅粉500公克、牛奶300cc、蛋3個、融化奶油液50公克

B 越橘果醬適量、糖粉適量、楓糖漿適量

> **Chef's Tips**
>
> 可再搭配新鮮莓果一起食用。
>
> 如果沒有章魚燒煎鍋，也可以用不沾平底鍋煎至兩面呈金黃色即可起鍋，再搭配越橘果醬、糖粉、楓糖漿即可。

作法 / Cooking

1 將材料A放入調理盆中攪拌均勻，蓋上保鮮膜，放置1小時讓鬆餅粉充分溶解成麵糊備用。

2 將章魚燒煎鍋加熱，塗上一層薄奶油，再倒入約8分滿麵糊（圖1），小火煎至外圍微微金黃色約5分鐘，用竹籤依45度方向小心翻轉（圖2），再以小火續煎烤約5分鐘至定型成圓球，再用竹籤插試，若竹籤沒有附著麵糊即可取出，盛盤。

3 最後放入越橘果醬，淋上楓糖漿，均勻篩上糖粉即可（圖3）。

莓果鮮奶酪　Iceland / 冰 島 🇮🇸

材料 / Ingredient

A 牛奶500cc、動物性鮮奶油
500cc、香草精1/2小匙、吉
利丁片5片（12.5公克）

B 新鮮覆盆子250公克、新鮮
蔓越莓250公克、細砂糖150
公克、果糖100公克、柳橙
皮2顆、柳橙汁150cc

作法 / Recipe

1 將牛奶、鮮奶油、香草精放
入鍋內，以小火煮至80℃，
再加入用冰水泡軟的吉利
丁片（圖1），煮至融化即
可倒入適合的容器中（圖
2），放入冰箱冷藏3小時至
凝結成原味奶酪備用。

2 將覆盆子、蔓越莓清洗乾淨
後放入鍋內，加入細紗糖拌
勻醃漬1小時備用。

3 再加入其他材料B一起煮
滾，轉小火煮約15分鐘至莓
果破裂（圖3），且醬汁呈
濃稠狀後放涼即可。

4 取適量作法3醬汁淋於奶酪
即可食用（圖4）。

> **Chef's Tips**
>
> 糖的份量約是水果重量的 45 ～ 50%，請
> 依照個人喜好決定。
>
> 用不完的果醬若要保存，可趁熱裝進乾
> 淨的玻璃瓶中再倒置待涼，是為了讓瓶
> 中沒有空氣，這樣就不會有細菌產生。
> 有做這樣的動作，完成的果醬可以不需
> 要放冰箱，室溫就可以保存。可以送人
> 當伴手禮，若一旦打開就必須放冰箱冷
> 藏保存，維持新鮮度。

二魚文化　魔法廚房 M056

健康北歐菜

作　　　者	謝一新、謝一德
攝　　　影	林宗億
編輯主任	葉菁燕
文字整理	燕湘綺
美術設計	費得貞

出 版 者	二魚文化事業有限公司
	地址　106 臺北市大安區和平東路一段 121 號 3 樓之 2
	網址　www.2-fishes.com
	電話　(02)23515288
	傳真　(02)23518061
	郵政劃撥帳號 19625599
	劃撥戶名　二魚文化事業有限公司
法律顧問	林鈺雄律師事務所

總 經 銷	大和書報圖書股份有限公司
	電話　(02)8990-2588
	傳真　(02)2290-1658

製版印刷	彩峰造藝印像股份有限公司
初版一刷	二〇一三年九月
I S B N	978-986-5813-07-9
定　　　價	三四〇元

國家圖書館出版品預行編目資料

健康北歐菜/ 謝一新、謝一德 合著.
- 初版. -- 臺北市：二魚文化, 2013.09
112面；18.5×24.5公分. -- (魔法廚房；M056)
ISBN 978-986-5813-07-9

1.食譜 2.烹飪

427.12　　　　　　　　　　102016584

健康北歐菜

| Northern European Cuisine |